孟老師的甜點杯

果凍、布丁、奶酪、慕絲、巴巴露，美味盡在杯中

孟兆慶◎著

一根小湯匙帶來的美味

坦白講，對於一杯杯亮麗的甜點杯，向來就有莫名的好感，無論是西點櫥窗內單純的一杯布丁，還是法式料理上用以過口的晶冰（Granité），以及餐後出現的甜點杯等，無不讓人眼睛一亮。

所謂的「甜點杯」，泛指用容器盛裝的甜點，因此不限於是塑膠杯還是玻璃杯、馬克杯、茶杯或咖啡杯等，都可當成是甜點的容器；有別於一般西式糕點切塊或切片的呈現方式，甜點杯或許有一股外觀上特有的魅力，藉由晶瑩剔透的玻璃、質感樸實的陶皿，或是高雅的瓷器等，表現於甜點的視覺與味覺上，似乎帶有出人意表的愉悅感；因此當這本書在籌備期間，光是看到各式各樣不同材質的容器時，就已雀躍不已，腦中便開始浮現一杯杯亮眼迷人的甜點囉！

基於對「甜點杯」的喜好，當然就會特別關注，不管是坊間一般糕餅店或下午茶的場合中，或在較正式的西式餐飲上，只要出現容器裝的甜點，都會好奇「杯子裏賣的是什麼藥？」甚至有時候根本是單純無比的一杯甜點，但只要尚未入口，都有可能猜不透是何等滋味。

為了甜點杯，去年還特別安排時間走訪東京，值得分享的是，在「鎧塚俊彥」的甜點店中，吃到現做的水果風味甜點杯，首先映入眼簾的是繽紛誘人的樣貌，接下來當然就是驚喜連連的極致美味，因為以不同素材製成的慕絲、醬汁、奶凍等組合而成的一杯甜點中，令人盪氣迴腸的多層次口感，摻著水果的清甜及不時迸出的酒香與香草氣息，一連串的迷人滋味徹底讓味蕾甦醒。還有位於銀座的「和光」甜點沙龍內，一款名為草莓帕菲（Strawberry Parfait）的甜點杯，從奶醬中釋出的堅果、巧克力、草莓等不同風味的香氣，更讓人無以復加地迷戀甜點杯的美好。於是隨著一次又一次的「見識」，更加體會用容器盛裝甜點，是極其精采又迷人的表現方式。

　　事實上，早在三年前，就已醞釀有關「甜點杯」的食譜書，但現在回想起來，幸好當年的企劃被其他主題「插隊」，而暫時被擱置；表示說，三年來才有更多機會增廣「甜點杯」的見聞，因此真正著手進行這本書的製作時，才發現看似單純的「甜點杯」，竟然會做到欲罷不能的地步呀！

　　關於「甜點杯」的製作，實在太有趣了，從陽春的一杯果凍到製程較多的一杯甜點，繁簡由人，陣仗大小完全不設限；有趣的是，可簡約、可隨興、可豪華的甜點杯，完全左右當下品嚐時的味蕾體驗，甚至，在拿起一根小湯匙，要舀出杯內甜點的剎那，小小幸福感就油然而生。

　　在這本書中，我將屬性相同的五大類甜點一起呈現，從口感的濃郁度來看，各式果凍幾乎不含油脂，算是最清爽的產品，接著是奶製品的布丁及奶酪，又比果凍多了更厚重的味蕾體驗，而慕絲及巴巴露中不可或缺的動物性鮮奶油，則讓味覺的豐富度更提升；這些「由淺入深」的凝固式甜品，在「液體變成固體」的過程中，真有千百個理由可以互相湊在一起；於是在設計食譜時，幾乎可以放心大膽地將不同類別的甜點混搭在一起。

　　為了避免讀者誤以為很澎湃的甜點杯，製作起來會過於困難，於是在食譜設計時，不斷提醒自己要收斂些，別將食譜搞得太複雜；還好甜點杯就是有辦法「伸縮自如」，當你見到一杯組合式的甜點杯時，甚至可以擷取部分來製作。當然不可忽略的「配料」，也很容易當成甜點杯的小配角，無論增色提味，都具有小兵立大功的效果，不信的話，你可以在任何一杯甜點上，放上滿滿的新鮮水果，都會驚喜發現，要讓甜點杯更好吃、更美麗，實在易如反掌。

　　當「甜點杯」製作完成後，成品不必倒扣，也不用脫模或切塊，即可輕鬆品嚐甜點杯的好滋味，這可是其他糕點所欠缺的自在喔！

孟兆慶

Contents 目錄

果凍

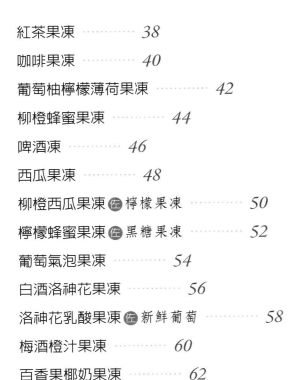

布丁

奶酪

慕絲

巴巴露

精緻可愛的「甜點杯」

　　在西點領域中，如以製作來區分，不外乎分為「烘烤式」與「冷藏式」二大項，而其中的品項可就多不勝數囉！

　　本書中的「甜點杯」用各式各樣的容器來呈現，充滿了無窮樂趣與隨興，因為不用拘泥容器的形式，也不必有一般烘焙時所需的烤模，甚至成品完成後，也省略脫模的動作，因此不必擔心成品外觀的美醜問題。

　　然而當一杯杯甜點呈現眼前時，就已具備食材本身所創造出的誘人魅力，不論是一杯黃澄澄的布丁、一杯粉嫩的草莓慕絲、一杯咖啡色的太妃奶酪……等，都極具親和力，讓人愛不釋手；想要妝點出甜點杯亮麗的樣貌，也是輕而易舉的事，就算以最簡便的方式，只是隨興烤個餅乾、蛋糕，或任何能應用的打發鮮奶油，都能瞬間讓一杯杯甜點變得精緻又可愛。

　　書中內容從烘烤成形的布丁到冷藏定形的果凍、奶酪、慕絲及巴巴露等，都是屬性相近的甜點，因此都能夠互相組合搭配，而形成意想不到的美味。值得一提的是，一般我們製作慕絲或巴巴露這類法式冷點，都須講究成品的內容、造形與裝飾，否則貧乏又光禿禿的成品模樣，絕對無法吸引眾人的目光；因此只要掌握書中五大項的甜點製作概念，利用最天然、最優質的食材，以隨手可得的容器來呈現，在家也能輕易做出如同西點櫥窗內的一杯杯亮麗甜點。

各種容器

　　善用各種容器，能營造出甜點杯的視覺效果，首先當然需要知道不同容器的材質屬性，才能符合安全又衛生的製作原則。以下是以「烘烤式甜點」及「冷藏式甜點」所適用的常見材質，一般在容器底部都有標示，請讀者們在製作前多加留意。

烘烤式甜點的容器：耐烤陶瓷、不銹鋼、鋁合金、耐烤玻璃、PP（聚丙烯，須隔水蒸烤）等。

冷藏式甜點的容器：陶瓷、不銹鋼、鋁合金、玻璃、PP（聚丙烯）、PS（聚苯乙烯，不能烘烤，材質較硬）等。

↑各式陶瓷容器，可隔水烘烤。

↑PP材質及PS材質的各式容器。

↑耐烤玻璃容器，可隔水烘烤。

容量的換算

　　前文提到，製作各式甜點杯，不用拘泥容器的形式，也不必有一般烘焙時所需的烤模，只要注意一下容器的材質，都可依據個人喜好或方便性來製作。

　　書中每一道甜點杯的食譜，都有註明成品容器的容量（c.c.數）及杯數，讀者們在著手製作前，可做為材料用量的參考。

❖ 容器的容量是將清水倒滿所秤出的重量（1c.c.＝1克）。

❖ 例如：p.38「紅茶果凍」的容器是180c.c.約4杯，如改用容量160c.c.的容器時，表示只要準備八、九成的材料分量，或將杯數增加來製作亦可。

基本道具

秤取材料用

電子秤、標準量匙

加熱、攪拌用

煮鍋（最好是單柄鍋）、耐熱橡
皮刮刀、木匙

容器、過濾用

大小容器、料理盆、大小篩
網、長柄杓、大小塑膠杯、
淺盤、刨皮器、砧板、擠花
袋、擠花嘴

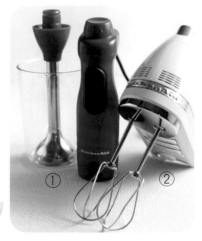

絞碎、攪勻用

圖左及圖右①的小家電，即是書中食譜所使用的「均質
機」，可順利將軟質蔬果打成泥狀或細粒狀，尤其是絞打少
量食材時非常方便。

圖右②則是常用的手持式攪拌機，可快速將蛋白、奶油及鮮
奶油打發，與上述棒狀的手持式攪拌機（均質機）用法不
同。

吉利丁片

　　「吉利丁」音譯自英文GELATINE，有分成粉末狀及片狀，本書中各式的凝固甜點，都以吉利丁片製成；吉利丁片呈金黃色透明的膠片狀，是由動物骨膠提煉而成，富含膠質，除能製成果凍外，也是布丁、奶酪、慕絲、巴巴露及肉凍的凝固原料。

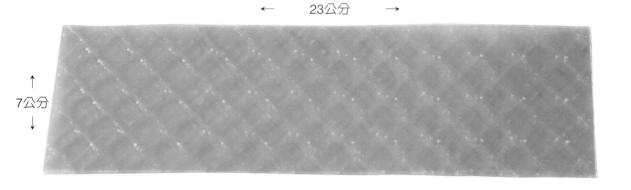

←　　　23公分　　　→

↑
7公分
↓

確認吉利丁片的重量

　　本書中所使用的吉利丁片，每片重量約2.5公克，請讀者在製作前，首先必須確認自己使用的吉利丁片重量，然後再依據書中食譜的用量，換算出實際所需的吉利丁片數量。

　　例如：書中食譜的吉利丁2片，即等於5克，如讀者們所選用的吉利丁片是1.5克，則須準備3.3片。

吉利丁片使用方式

如何將「吉利丁片」泡軟？

　　容器內放入大量的冰開水及冰塊，將每片吉利丁片分開後（不要黏在一起），再放入容器內；須注意水量要能夠完全覆蓋吉利丁片，才能達到浸泡的目地——泡軟及去除腥味。

　　浸泡前，不需將吉利丁片剪成小片，以免泡軟後不易撈出，甚至容易遺漏，整片浸在大量的冰塊水內，絕對能夠確實泡軟。

　　浸泡時間約10分鐘以上，吉利丁片會呈現軟化且膨脹狀態；如製作時動作稍慢，最好將浸泡的容器移至冰箱冷藏室放置，以免容器內的冰水隨著環境溫度而升溫，吉利丁片則有融化之虞。

為什麼要泡冰開水，還要加冰塊？

　　一般室溫的冷開水，比冰開水溫度高，如再加上製作時動作過慢，吉利丁片浸泡在冷開水中閒置過久，就會讓吉利丁片溶於水中而造成損耗，如此就會影響果凍成品的凝結效果。

　　因此製作果凍（及布丁、奶酪、慕絲及巴巴露）時，最好將吉利丁片浸泡於冰開水（加冰塊）中（同時放冰箱更好），才能萬無一失，或將冷開水加上大量冰塊，儘量降低水溫也行。

　　由於製作果凍、布丁、奶酪、慕絲及巴巴露等冷點，多半不會將液體材料煮至沸騰，因此需以冰開水浸泡，不可用未經煮沸的冰水，以確保衛生要件。

吉利丁片融於有溫度的液體中

　　吉利丁片泡軟後，從冰塊水中取出，用手儘量將水分擠乾，再放入加熱後的液體醬汁內（果凍、布丁、奶酪、慕絲、巴巴露等的醬汁），用橡皮刮刀確實攪勻至完全融化。

融化吉利丁片的溫度

　　當液體醬汁加熱至40~50℃時，即能將軟化的吉利丁片融為液體，但要注意，液體醬汁加熱時，不要煮至沸騰狀態，以免影響吉利丁的凝結力；當然也不可過低（20~30℃），否則無法將吉利丁片完全融化，原則上只要將液體醬汁加熱至能夠將吉利丁片融化的溫度即可。

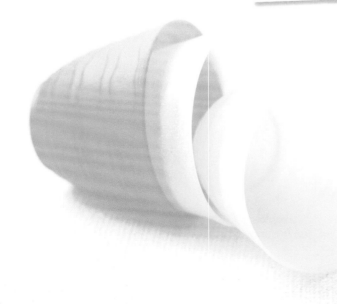

製程中的動作

何謂「小火」？

在甜點製程中，「加熱」往往是個重要步驟，因此所謂的「火候」就格外重要，否則疏忽之下，萬一火候過大，可能焦糖液、水果醬汁尚未完成，水分都已經煮乾，還有牛奶中的蛋黃液，在加熱時也更須好好掌控火候大小。

因此為了避免溫度過高，而讓加熱過程出現問題，所有食譜幾乎都以「小火」來加熱；另外必須注意，除了煮焦糖之外，幾乎所有以小火加熱的東西，都必須同時配合攪拌的動作。

所謂「小火」，是指開火後將大圈範圍的火轉至最弱的意思（左圖），而不是中間最小圈的獨立火苗（右圖），否則即失去加熱效率。

為何要在蛋糕體上刷「酒糖液」？

食譜中搭配的手指餅乾及各式口味的圓餅（均是蛋糕體性質），口感偏乾，因此當作甜點杯的夾心配料，最好刷上酒糖液，可讓蛋糕體增加爽口的濕潤度，同時也能與餡料融為一體，提升風味。

酒糖液就是酒＋糖＋水所製成的液體，其中不同甜度的糖水，是以波美糖度計來測量，如少量製作時，用料如下：

水　　　50克
細砂糖　35克
香橙酒　1大匙

做法

1. 水加細砂糖用小火加熱，同時邊攪拌。
2. 煮開後再加入香橙酒調勻，待冷卻後即可刷在蛋糕體上使用。
3. 用多少取多少，剩餘的須密封存放於冰箱冷藏室，可保存約 3 星期。

又美味又好看的方式

調味 混搭 配料

如何做出一杯杯美味又漂亮的甜點？

　　首先當然是選用新鮮、優質的食材，然後運用各種食材的屬性、風味或色澤來互相組合搭配，除了增添口感的層次感之外，也更能凸顯一份成品的外觀風貌。

調味
小兵立大功

　　猶如做料理的原則，任何一杯甜點，都需藉由「調味」過程，來讓成品的美味更加分。最為人熟知的焦糖布丁，就是以最經典的「焦糖」當作調味利器，而讓美味瞬間提升；另外像是單一口味的果凍，因為加了甜美的蜂蜜，而讓酸中帶甜的葡萄柚口感更加耐人尋味（如p.42「葡萄柚檸檬薄荷果凍」），甚至只要幾滴調味用的香橙酒、檸檬皮（或柳橙皮）及檸檬汁（或柳橙汁）……等，也都具有小兵立大功的效果。

香橙酒

　　書上食譜所指的香橙酒，即法國製的Grand Marnier，呈金黃色，是利口酒（liqueur）的一種；所謂「利口酒」就是各式基酒（白蘭地、威士忌、蘭姆酒、琴酒、伏特加或葡萄酒等），加入糖漿、果汁或浸泡各種水果，經過蒸餾等過程而製成的香甜酒；因此香橙酒具有微微的香橙甜味，酒精度為40%，經常應用於各式甜點或醬汁的調味，也是調酒時所使用的基酒。書上的各式食譜成品，都以香橙酒來調味，如無法取得時，可改用蘭姆酒（Rum）或君度橙酒（Cointreau）。

檸檬、柳橙

　　檸檬及柳橙等柑橘類水果，廣泛用於各式甜點及醬汁中，經常只是當做調味作用的小配角，卻能發揮最天然爽口的風味；利用檸檬（或柳橙）豐沛的汁液及宜人的香氣，最適合融入各類水果及乳酪類的甜點中，如使用檸檬皮屑（或柳橙皮屑）時，只要刮下檸檬（或柳橙）的綠色（黃色）表皮即可，千萬別刮到內層白色部分，以免出現苦澀的口感。另外需要注意，在加熱時，無論汁液或皮屑，都應避免久煮，以免將天然風味流失殆盡。

　　本書的食譜選用隨手可得的檸檬或柳橙當作各個甜點杯的調味聖品，無論任何品種都可使用，善用天然水果來調味，製成各式美味的甜點杯。

混搭
驚喜的美味

書中五種類別的甜點杯,都具有「細緻」及「柔滑」的特性,因此非常適合互相組合搭配,除了讓味蕾有意想不到的驚喜外,有時也能營造視覺上的自然美感,例如:p.52「檸檬蜂蜜黑糖果凍」,刻意將兩種不同口味的果凍結合,而讓檸檬蜂蜜果凍的滋味更加迷人;p.194「火龍果優格慕絲」,也是將紅白兩色慕絲做搭配,而造就口感及外觀的不同效果。

↑檸檬蜂蜜黑糖果凍

↑火龍果優格慕絲

↑檸檬慕絲佐鮮果凍

↑香草牛奶巴巴露

另外也可依個人的喜好,將五種類別的製作,以「主角」及「配角」的概念來組合,保證更具有美味的新意;例如:p.174「檸檬慕絲佐鮮果凍」,其主角是檸檬慕絲,而配角則是底層的鮮果凍,如此的品嚐滋味,絕對比單獨品嚐檸檬慕絲來得美味;p.202「香草牛奶巴巴露」,當然是兩種酸甜的果凍在以奶味十足的巴巴露,而讓入口的瞬間更加驚喜。

因此讀者們可利用書中五種類別的甜點,交互「混搭」成美味又獨特的甜點杯,一口嚐進不同的滋味,這也是提味的好方法喔!

配料
好吃又好看

所謂的「配料」,就是與果凍、布丁、奶酪、慕絲及巴巴露一起食用的東西,同時又能夠提升成品的原有滋味,而讓品嚐時的口感更加分;此外,畫龍點睛的配料往往也能恰如其分地讓一杯杯的甜點更加亮眼可愛。

尤其是口味較濃郁且厚重的慕絲及巴巴露,更需適當的配料,有別於其他凝固性的甜點,這兩類甜點都是以打發鮮奶油為基底,如果是單一口味的製作,品嚐時的風味或口感都略顯單調或膩口,因此更建議製作「配料」來搭配食用,才會顯得滋味無窮;即便只用新鮮水果製成的醬汁、糖漬水果或打發的調味鮮奶油,也都能讓成品的美味度更提升,甚至撒些又香又酥的香酥粒、各式焦糖堅果粒等,或以鬆軟的蛋糕體當作夾心配料等,都能讓品嚐者叫好。

成品內無論是夾心的配料或是成品表面的裝飾配料,都兼具美味與美化的雙重效果,因此在製作各式甜點杯之前,可依個人的口感喜好,或食材取得的方便性,選用書中p.18所示範的各式配料,自由變換,隨興搭配,未必要依照書中的食譜來製作。

各式配料如下

醬汁類

　　以下舉例製作的三種新鮮水果製成的醬汁，不需像製作果醬那麼費時，以最簡單的用料，很快即能完成，因此更能保留原有的水果風味，都適合搭配書中的甜點杯。各式新鮮水果的製作方式及用料大同小異，讀者們可舉一反三，製成各種口味的醬汁（例如：奇異果、柳橙、芒果等）。

➤ 醬汁煮好後，應隔冰塊水冷卻，質地會更加濃稠，然後再與各式甜點杯搭配食用。

➤ 不同的水果，所含的果膠成分有所不同，因此在加熱過程中，出膠速度也有差異，因此可依個人喜好，拿捏加熱後的濃稠度。

➤ **保存期限**：醬汁待冷卻後，密封放置在冰箱冷藏室，約可保存7天左右。

以 新 鮮 水 果 製 成

藍莓醬

材料

新鮮藍莓	100克
細砂糖	35克
水	15克
果糖	25克
香橙酒	1小匙（5克）

做法

❶ 將新鮮藍莓洗乾淨，並用廚房紙巾擦乾水分，再與細砂糖及水分別倒入鍋內。

❷ 用橡皮刮刀將藍莓及細砂糖攪勻，靜置約10分鐘左右，待細砂糖融化後，再開小火加熱。

❸ 接著將果糖倒入鍋內，用橡皮刮刀攪勻。

❹ 繼續加熱直到沸騰，再續煮約3～5分鐘左右，接著倒入香橙酒。

❺ 在加熱過程中，須適時地用耐熱橡皮刮刀攪勻，慢慢地藍莓煮軟後就會裂開，即可熄火。

❻ 煮好的藍莓醬，質地稍微呈濃稠狀。

果糖

果糖（Fructose）呈透明的液狀，在常溫下流性佳，使用方便；除當作甜味劑外，用於醬汁內，可具保濕性，質地較穩定；如無法取得可改用玉米糖漿或水麥芽代替。

覆盆子醬

材料

新鮮覆盆子	100 克
細砂糖	30 克
水	10 克
果糖	25 克
檸檬汁	1 小匙（5 克）

做法

❶將新鮮覆盆子（或用冷凍覆盆子）與細砂糖及水分別倒入鍋內。

❷用橡皮刮刀將覆盆子及細砂糖攪勻，靜置約10分鐘左右，待細砂糖融化後，再開小火加熱。

❸接著將果糖倒入鍋內，用橡皮刮刀攪勻。

❹繼續加熱直到沸騰，再續煮約3~5分鐘左右，接著倒入檸檬汁。

❺在加熱過程中，須適時地用耐熱橡皮刮刀攪勻，慢慢地覆盆子即會煮散，質地呈濃稠狀即可熄火。

▶ **覆盆子淋醬**：有別於含顆粒的覆盆子醬，利用覆盆子果泥（或其他的冷凍果泥），則可製成滑順的淋醬，可淋在任何甜點杯的表面，會呈現不同的裝飾效果。
材料：
吉利丁片 1片
覆盆子果泥（冷凍產品） 80克
細砂糖 15克
做法：
1. 容器內放入冰開水及冰塊，再將吉利丁片放入冰塊水內浸泡至軟化。
2. 回溫後的覆盆子果泥與細砂糖一起放入鍋內，用小火邊加熱邊攪拌，注意不要沸騰，煮到細砂糖融化即熄火。
3. 將泡軟的吉利丁片擠乾水分，再倒入鍋內，用橡皮刮刀攪至融化，冷卻後即可使用。

草莓醬  參見 DVD 示範

材料

新鮮草莓	100 克
細砂糖	25 克
水	10 克
果糖	25 克
檸檬汁	1 小匙（5 克）

做法

❶將新鮮草莓洗乾淨，並用廚房紙巾擦乾水分，再切成約1~2公分的丁狀，與細砂糖及水分別倒入鍋內。

❷接著依照「覆盆子醬」的做法❷ ~ ❺，將草莓煮軟，醬汁變成濃稠狀即可。

以果泥製成

芒果醬汁

材料

吉利丁片	1片
冷凍芒果果泥	90克
細砂糖	20克
玉米粉	5克
香橙酒	1小匙 (5克)

做法

❶容器內放入冰開水及冰塊,再將吉利丁片放入冰塊水內浸泡至確實軟化。

❷將芒果果泥約一半的分量及細砂糖,分別倒入鍋內,並用橡皮刮刀攪勻。

❸接著將玉米粉倒入鍋內,再用橡皮刮刀確實攪勻。

❹玉米粉的質地細緻且用量不多,很容易融入果泥內。

❺接著開小火加熱,並用橡皮刮刀不停地攪勻。

❻持續加熱至快要滾沸時即熄火,再將剩餘的果泥及香橙酒倒入鍋內。

❼最後將做法❶泡軟的吉利丁片擠乾水分,再倒入鍋內攪至融化即可。

▶可將冷凍的芒果果泥,改成其他口味的果泥,以同樣分量及做法來製作。

以糖類、巧克力製成

太妃醬 參見 DVD 示範

材料

動物性鮮奶油	90克
細砂糖	70克

做法

❶首先將裝有動物性鮮奶油的容器,放在熱水中隔水加熱,並持續放在熱水上保持溫度。

❷將煮鍋先空鍋加熱後,再倒入細砂糖,受熱才會均勻。

❸接著開小火加熱,當鍋邊的細砂糖開始融化並上色時,再用木匙或耐熱橡皮刮刀慢慢沿著鍋邊攪動。

❹持續加熱後,細砂糖會漸漸融化,並呈焦化狀。

❺待咖啡色的熱焦糖邊緣開始滾沸時,即可以熄火,焦糖液即製作完成。

❻待滾沸的焦糖液稍微穩定時,再慢慢倒入做法❶保溫中的動物性鮮奶油。

⑦倒完鮮奶油後，再用木匙或耐熱橡皮刮刀慢慢攪勻即可。

▶太妃醬製作完成後，同樣地也須隔冰水冷卻後再使用。

▶此處的焦糖液製作方式，細砂糖入鍋後未加清水，加熱後的焦化速度較快；當然也可加入約2小匙的清水一起加熱，請看p.78做法❶~❺；但要注意做爲淋醬用的「太妃醬」，所使用的動物性鮮奶油用量較多，流性較好，才方便擠製線條。

黑糖醬汁

材料

黑糖	50 克（過篩後）
果糖	20 克
動物性鮮奶油	1 大匙
水	15 克

做法

❶將黑糖及果糖分別倒入鍋內，用橡皮刮刀稍微攪勻。

❷接著開小火加熱，煮到黑糖融化，並用橡皮刮刀邊攪勻。

❸持續加熱至快要沸騰時，接著用橡皮刮刀將動物性鮮奶油刮入鍋內，並將水倒入鍋內。

❹接著煮至沸騰，再續煮約1分鐘後即熄火。

❺完成後的黑糖醬汁待完全冷卻後，質地會變稠，即可拿來使用。

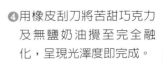

巧克力醬

材料

苦甜巧克力	50 克
動物性鮮奶油	70 克
無鹽奶油	15 克

做法

❶將苦甜巧克力及動物性鮮奶油分別倒入鍋內，以隔水加熱方式融化巧克力。

❷開小火加熱，鍋內的熱水不要沸騰，並用橡皮刮刀邊攪拌。

❸直到苦甜巧克力快要融化時即須熄火（或將鍋子離開熱水），接著將無鹽奶油加入鍋內。

❹用橡皮刮刀將苦甜巧克力及無鹽奶油攪至完全融化，呈現光澤度即完成。

▶須用富含可可脂的苦甜巧克力來製作，口感較好；不同含量比例的可可脂均可，可依個人的喜好或方便選購製作；完成後的巧克力醬不要隔冰塊水降溫，只要靜置冷卻後即可使用。

鮮奶油類

　　打發的動物性鮮奶油擠在甜點杯的表面,不但具有裝飾效果,同時也能增添口感的滑潤度,因此以任何口味的打發鮮奶油當做配料或裝飾,是最簡便的方式。

➤ 原味的打發鮮奶油,請看p.160的圖❶,以下是兩種不同口味的鮮奶油,其中的芒果鮮奶油也可改換成覆盆子及百香果果泥來製作,材料及做法完全相同。

➤ **保存期限**:打發的動物性鮮奶油放在冰箱冷藏會漸漸消泡,因此最好現打現用。

巧克力鮮奶油　參見 DVD 示範

材料

苦甜巧克力	35 克
動物性鮮奶油	35 克
動物性鮮奶油	50 克
細砂糖	5 克

做法

❶將苦甜巧克力及動物性鮮奶油35克分別倒入鍋內,以隔水加熱方式融化巧克力。

❷開小火加熱,鍋內的熱水不要沸騰,並用橡皮刮刀邊攪拌,直到巧克力快要融化即須熄火(或將鍋子離開熱水),成為具光澤度的巧克力糊。

❸接著將做法❷裝有巧克力糊的鍋子放在冷水上降溫,冷水內勿加冰塊,以免溫度過低,而讓巧克力糊變硬。

❹將裝有動物性鮮奶油50克的容器放在冰塊水中,用電動攪拌機開始攪打,當鮮奶油稍微呈現濃稠狀時,即加入細砂糖,並用快速攪打。

❺繼續攪打至鮮奶油發泡,呈現不會流動狀態時,即可將做法❸的巧克力糊刮入。

❻用快速攪打均勻後,即成為細緻的巧克力鮮奶油。

芒果鮮奶油

材料

動物性鮮奶油	50 克
細砂糖	5 克
冷凍芒果果泥	30 克

做法

❶用電動攪拌機攪打動物性鮮奶油,當鮮奶油稍微呈現濃稠狀時,即加入細砂糖,並用快速攪打。

❷繼續攪打至鮮奶油發泡,呈鬆發狀不會流動的質地。

❸將冷凍芒果果泥倒入,並用快速攪打,注意冷凍芒果果泥不要解凍,才有助於鮮奶油打發成硬挺狀。

❹用快速攪打均勻後,即成為細緻的芒果鮮奶油。

堅果類

　　將各式堅果裹上一層焦香味的糖衣，除了增加香甜的氣味外，咀嚼時的口感更加爽脆，因此可依下列做法，製成不同的焦糖堅果；為了凸顯香氣，在製作前，首先須將堅果以上、下火約160~170℃烤約12~15分鐘，將水氣烤乾，成金黃色即可。

▶ **保存期限**：密封放置在冰箱冷藏室，約可保存兩個星期左右。

焦糖核桃  參見 DVD 示範

材料

烤熟的碎核桃	100 克
細砂糖	45 克
水	30 克
無鹽奶油	10 克

做法

❶ 細砂糖及水分別倒入鍋內，開小火加熱。

❷ 煮成沸騰狀時，即倒入碎核桃，並用耐熱橡皮刮刀拌炒。

❸ 持續加熱拌炒之後，熱糖水漸漸煮乾。

❹ 加熱短短幾分鐘之後，碎核桃裹上白色的結晶糖霜。

❺ 當做法❹ 的熱糖水煮成結晶狀時即熄火，接著將無鹽奶油倒入鍋內。

❻ 利用餘溫將奶油攪至融化，即成焦糖核桃。

❼ 製作完成的焦糖核桃盛出裝盤，待冷卻後即可當做甜點杯的配料。

▶ 將材料中的碎核桃改成杏仁片，即可製成**焦糖杏仁片**。

▶ 將材料中的碎核桃改成夏威夷果仁，即可製成**焦糖夏威夷果仁**。

脆糖開心果 參見 DVD 示範

材料

烤熟的開心果	150 克
細砂糖	80 克

做法

❶ 將鍋子先空鍋加熱後，再倒入細砂糖，開小火加熱，當鍋邊的細砂糖開始融化並上色時，再用木匙或耐熱橡皮刮刀慢慢沿著鍋邊攪動。

❷ 持續加熱後，細砂糖會漸漸融化，並呈焦化狀。

❸ 當細砂糖完全融化後，接著倒入開心果，用耐熱橡皮刮刀攪勻，即成脆糖開心果。

❹ 接著將脆糖開心果倒在耐熱烤布上（或淺盤內）冷卻，在尚未變硬前，先用手攤平，以免過厚不易掰開。

❺ 將冷卻的脆糖開心果倒入料理機內，絞成粗顆粒狀即可。

▶ 做法❶~❷的細砂糖焦化製程，請參考p.20太妃醬做法❷~❺。

▶ 只利用細砂糖煮成焦糖液，未加水及無鹽奶油，所製成的焦糖堅果，其口感較脆硬，因此較適合打成顆粒狀食用。

果凍類

　　當做甜點杯配料的果凍，須切成各式的形狀，與一般果凍相較下，質地偏硬，才能凸顯口感的層次，因此以下的果凍，所用的吉利丁片用量較多；詳細製程可參考p.33「果凍的製作」，也可將書中的其他果凍，製成較硬的質地，也都能當做任何甜點杯的配料或裝飾。

▶ **保存期限**：密封放置在冰箱冷藏室，約可保存2~3天左右。

柳橙果凍

材料

吉利丁片	3 片
新鮮柳橙汁	200 克
細砂糖	15 克
香橙酒	1/2 小匙

做法

❶ 容器內放入冰開水及冰塊，再將吉利丁片放入冰塊水內浸泡至確實軟化。

❷ 新鮮柳橙汁及細砂糖分別倒入鍋內，用小火邊加熱邊攪拌（注意不要沸騰），將細砂糖煮至融化即熄火。

❸ 接著加入香橙酒（或蘭姆酒），用橡皮刮刀攪勻。

❹ 將做法❶泡軟的吉利丁片擠乾水分，再放入鍋內，用橡皮刮刀攪至融化，即成細緻均勻的果凍液。

❺ 將果凍液以篩網過篩，再放在冰塊水上降溫冷卻。

❻ 接著倒入容器內（19×14公分，或任何容器均可），即可放入冰箱冷藏至凝固。

檸檬果凍 參見 DVD 示範

材料

吉利丁片	5 片
細砂糖	80 克
冷開水	250 克
檸檬汁	35 克
檸檬皮屑	1/4 小匙

做法

① 容器內放入冰開水及冰塊，再將吉利丁片放入冰塊水內浸泡至確實軟化。

② 細砂糖及冷開水一起放入鍋內，用小火邊加熱邊攪拌（注意不要沸騰），將細砂糖煮至融化即熄火。

③ 加入事先刨好的檸檬皮屑，接著倒入檸檬汁，用橡皮刮刀攪勻。

④ 將做法❶泡軟的吉利丁片擠乾水分，再放入鍋內，用橡皮刮刀攪至融化。

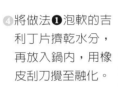

⑤ 將檸檬果凍液以細篩網過篩，濾掉檸檬皮屑。

⑥ 將裝有果凍液的容器放在冰塊水上冷卻，接著倒入容器內（19×14公分，或任何容器均可），即可放入冰箱冷藏至凝固。

⑦ 待果凍確實凝固後，即可切成適當的大小當做甜點杯的配料。

黑糖果凍

材料

吉利丁片	4 片
冷開水	250 克
黑糖	60 克（過篩後）

做法

① 容器內放入冰開水及冰塊，再將吉利丁片放入冰塊水內浸泡至確實軟化。

② 冷開水放入鍋內，用小火加熱至40～50℃左右即熄火。

③ 將做法❶泡軟的吉利丁片擠乾水分，再放入鍋內，用橡皮刮刀攪至融化。

④ 將黑糖倒入鍋內，用橡皮刮刀攪至融化，即成黑糖果凍液。

⑤ 將裝有果凍液的容器放在冰塊水上冷卻，接著倒入容器內（19×14公分，或任何容器均可），即可放入冰箱冷藏至凝固。

蘋果凍  參見 *DVD* 示範

材料

吉利丁片	1 片
香草莢	1/3 根
細砂糖	30 克
水	85 克
青蘋果丁	100 克
香橙酒	1 小匙

做法

❶ 容器內放入冰開水及冰塊，將吉利丁片放入冰塊水內浸泡至確實軟化。

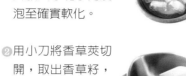

❷ 用小刀將香草莢切開，取出香草籽，連同外皮、細砂糖及水分別倒入鍋內，開小火加熱。

❸ 加熱煮至沸騰後，即倒入青蘋果丁繼續加熱。

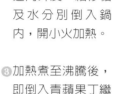

❹ 加熱約3~5分鐘，當青蘋果丁稍微變軟即倒入香橙酒（或蘭姆酒）。

❺ 將青蘋果丁煮到完全變軟後即熄火，並將香草莢取出。

❻ 將做法❶泡軟的吉利丁片擠乾水分後，再放入鍋內，用橡皮刮刀攪至融化。

❼ 煮好後，蘋果丁變軟，同時還會留下湯汁，使用前先隔冰塊水降溫至冷卻。

❽ 這道「蘋果凍」適合當作果凍、慕絲或巴巴露的夾心，如p.146「太妃奶酪佐蘋果凍」。

餅乾類

　　不含油脂的「手指餅乾」（Lady Fingers）非常適合當做甜點杯的配料，最為人熟悉的則是用於提拉米蘇的夾心，因餅乾體的蓬鬆特性，可吸附酒糖液，而增添成品的濕潤度；手指餅乾的用料及製程，屬於「分蛋式海綿蛋糕」，除了將麵糊擠成長條狀製成手指餅乾外，也可擠成圓餅狀，或再添加抹茶粉及無糖可可粉等，製成各式加味的小圓餅。

➤ **保存期限**：密封放置在室溫下，約可保存10天左右。

手指餅乾 參見 *DVD* 示範

材料

蛋黃	20 克
細砂糖	10 克
蛋白	30 克
細砂糖	15 克
低筋麵粉	25 克

做法

❶ 將蛋黃及細砂糖（10克）分別倒入同一個容器內，用攪拌器攪拌至細砂糖融化，呈現顏色變淡的蛋黃糊。

❹ 將蛋白霜分2次倒入做法❶的蛋黃糊內，用攪拌器從容器底部刮起，攪成八、九分均勻。

❼ 將平口花嘴裝入擠花袋內，再用橡皮刮刀將麵糊裝進袋內，將袋口扭緊後，在烤盤上擠出長約6~7公分的長條狀，最後均勻篩些糖粉（也可省略）。

❷ 另一個容器放入蛋白，用電動攪拌機由慢而快攪打，當蛋白出現泡沫時，即可分次倒入細砂糖。

❺ 蛋白霜及蛋黃糊尚未完全攪勻時，即可篩入麵粉。

❽ 事先將烤箱以上、下火約160~170℃預熱後，烤約12~15分鐘，呈金黃色即可。

❸ 用快速將蛋白攪打成蓬鬆狀，質地細緻滑順不會滑動，具光澤度的蛋白霜。

❻ 先將攪拌器甩乾淨，再改用橡皮刮刀將麵粉壓入蛋糊內，再配合刮拌的動作，將所有材料拌勻。

❾ 也可將擠花袋以垂直方式將麵糊擠成大小一致的圓餅狀（**原味圓餅**）。

▶ 長條狀或各式口味的圓餅，製作完成後，可依據容器大小（或直徑），再裁切成理想的大小。

可可圓餅

材料

蛋黃	20 克
細砂糖	5 克
蛋白	35 克
細砂糖	20 克
低筋麵粉	20 克
無糖可可粉	5 克

做法

將低筋麵粉及無糖可可粉秤完放在同一容器內，依照本頁上方「手指餅乾」的做法❶~❾，將可可麵糊擠成圓餅狀，製成可可圓餅。

抹茶圓餅

材料

蛋黃	20 克
細砂糖	5 克
蛋白	40 克
細砂糖	20 克
低筋麵粉	30 克
抹茶粉	1 小匙（平匙，約 3 克）

做法

將低筋麵粉及抹茶粉秤完放在同一容器內，依照本頁上方「手指餅乾」的做法❶~❾，將抹茶麵糊擠成圓餅狀，製成抹茶圓餅。

香酥粒 參見 DVD 示範

材料

無鹽奶油	50 克
糖粉	15 克
鹽	1/8 小匙
蛋黃	20 克（約 1 個）
低筋麵粉	100 克

做法

❶無鹽奶油秤好後放在室溫下回軟，再與糖粉及鹽一起放入容器內，用橡皮刮刀以壓、拌的方式攪勻。

❷將蛋黃倒入做法❶內，用橡皮刮刀攪成均勻的奶油糊。

❸接著將麵粉篩入奶油糊內，用橡皮刮刀攪成（或用手抓成）均勻的鬆散麵糰。

❹將鬆散的麵糰直接鋪在烤盤上。

❺烤箱以上、下火約160～170℃預熱後，烤約12～15分鐘（過程中須用鏟子翻炒，上色才會均勻）即熄火，再用餘溫燜5～10分鐘，呈金黃色即可。

▶烘烤過程中須打開烤箱，用耐熱橡皮刮刀或鏟子翻炒一下，上色才會均勻。

杏仁粒薄片 參見 DVD 示範

材料

黃砂糖（二砂糖）	40 克
無鹽奶油	20 克
鮮奶	25 克
低筋麵粉	15 克
生的杏仁角	30 克

做法

❶將黃砂糖及無鹽奶油分別倒入鍋內，以隔水加熱方式融化黃砂糖及無鹽奶油。

❷開小火邊加熱邊攪拌至奶油融化即熄火（黃砂糖尚未融化），接著將鮮奶倒入鍋內。

❸鍋子離開熱水，繼續用橡皮刮刀攪勻，直到黃砂糖融化，即加入已過篩過的麵粉。

❹用橡皮刮刀確實將麵粉攪勻，再倒入杏仁角，繼續用橡皮刮刀攪成均勻的杏仁角麵糊。

❺用湯匙取適量的杏仁角麵糊，倒入已抹油（或鋪有烘焙紙）的烤盤內，並用叉子儘量攤成大小一致的薄片狀。

❻烤箱以上火約160～170℃、下火約130～150℃預熱後，烤約12～15分鐘，呈金黃色即可，取出烤盤後，趁熱可做成彎曲狀。

▶可參考《孟老師的100多道手工餅乾》一書的「薄片餅乾」，都非常適合當做甜點杯的配料。

其他類

太妃蘭姆葡萄  參見 DVD 示範

材料

動物性鮮奶油	100 克
細砂糖	25 克
水	10 克
葡萄乾	50 克
蘭姆酒	15 克

做法

① 首先將裝有動物性鮮奶油的容器，放在熱水中隔水加熱，並持續放在熱水上保持溫度。

② 將細砂糖及水依p.78「焦糖液」做法①～⑤，將焦糖液製作完成。

③ 待滾沸的焦糖液稍微穩定時，再慢慢倒入做法①保溫中的動物性鮮奶油。

④ 倒完鮮奶油後，再用木匙或耐熱橡皮刮刀慢慢攪勻，接著將葡萄乾倒入鍋內。

⑤ 再開小火將葡萄乾煮軟，同時用橡皮刮刀邊攪勻，接著將藍姆酒倒入鍋內攪勻。

⑥ 最後再續煮約30秒鐘，鍋內的太妃醬呈濃稠狀，葡萄乾變軟即可。

▶ 葡萄乾倒入高溫的太妃醬中加熱即會軟化，因此可省略事先泡軟的動作。

▶ 剛煮完時，葡萄乾裹著太妃醬，仍呈流動狀，待完全冷卻後，即呈濃稠狀。

▶ 保存期限：密封存放於冷藏室，質地不會變硬，約可保存7天左右。

香橙酒晶冰 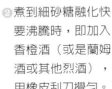 參見 DVD 示範

材料

細砂糖	30 克
水	200 克
香橙酒	80 克
檸檬汁	30 克
檸檬皮屑	1 小匙

做法

① 將細砂糖及水分別倒入鍋內，開小火加熱，同時邊用橡皮刮刀攪融。

② 煮到細砂糖融化快要沸騰時，即加入香橙酒（或是蘭姆酒或其他烈酒），用橡皮刮刀攪勻。

③ 接著分別加入檸檬汁及事先刨好的檸檬皮屑，沸騰後續煮約1分鐘即熄火。

④ 將做法③的香橙酒檸檬汁液用細篩網過篩。

⑤ 將做法④整個容器放在冰塊水上冷卻，再放入冰箱冷凍約8～10小時至凝固，即可用湯匙刮出碎冰，當做甜點杯的配料。

▶ 所謂「晶冰」（Granité）即結晶的碎冰，比一般冰沙（sorbet）顆粒粗，兩者都不含任何油脂；通常是以香甜酒或烈酒加上新鮮果汁所製成的冰品；通常在品嚐主菜前吃些Granité，具有過口開胃的效果，其次也可搭配清爽的果凍、慕斯於餐後食用。

▶ 保存期限：密封放置在冰箱冷凍室，約可保存一個月左右。

紅豆沙軟糕 參見 DVD 示範

材料

紅豆	150 克
水	600 克
冷開水	400 克
黃砂糖	90 克
吉利丁片	6 片

做法

❶ 紅豆洗乾淨並瀝乾水分後，加清水600克，用電鍋像煮飯的方式，將紅豆煮熟至軟爛。

❷ 將煮軟的紅豆再另加冷開水400克，分次倒入網篩上，利用木匙（或大湯匙）將紅豆沙刮過篩網，儘量濾出紅豆沙及汁液，留下紅豆外皮在篩網上。

❸ 容器內放入冰開水及冰塊，再將吉利丁片放入冰塊水內浸泡至確實軟化。

❹ 將濾出的紅豆沙及汁液（約685克）倒入鍋內，再將黃砂糖倒入鍋內一起加熱。

❺ 開小火加熱，並用耐熱橡皮刮刀邊攪動，煮到快要沸騰時即熄火。

❻ 稍微降溫後將泡軟的吉利丁片擠乾水分倒入鍋內，用橡皮刮刀攪至融化。

❼ 將做法❻整個容器放在冰塊水上冷卻，並須適時地用橡皮刮刀攪動一下，好讓紅豆沙汁液均勻細緻。

❽ 將紅豆沙汁液倒入淺盤（20×15公分）內，放入冰箱冷藏至凝固。

▶ **保存期限**：凝固後密封放置在冰箱冷藏室，約可保存2~3天左右。

義大利蛋白霜 參見 DVD 示範

材料

細砂糖	30 克
水	10 克
蛋白	20 克

做法

❶ 將細砂糖及水分別倒入鍋內，開小火加熱煮成糖水。

❷ 在煮糖水的同時，將蛋白攪打成不會滑動的蛋白霜。

❸ 持續加熱的熱糖水表面布滿泡沫，質地稍微變稠，成為118~120℃的熱糖漿即可熄火。

❹ 將熱糖漿慢慢倒入蛋白霜內，須注意要沿著容器邊緣倒入，同時要用攪拌機攪打均勻。

❺ 一直打到蛋白霜的溫度完全冷卻，成為具有光澤度的義大利蛋白霜。

▶ 做法❸煮糖漿時，注意不要加熱過度，以免糖漿過稠，而無法順利倒入蛋白霜內。

▶ 義大利蛋白霜除了可取代慕絲及巴巴露中的部分打發鮮奶油之外，同時也可擠製在甜點杯表面，再用噴槍炙烤焦化，具有裝飾效果。

▶ **保存期限**：密封放在冰箱冷藏室，約可保存1天左右。

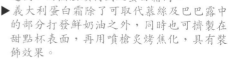

裝飾類

蛋白蜂蜜脆條　參見 DVD 示範

材料

蛋白	**30**克
蜂蜜	**30**克
低筋麵粉	**30**克

做法

① 先將蛋白及蜂蜜倒入容器內，用橡皮刮刀稍微攪拌一下，再篩入麵粉。

② 用橡皮刮刀攪勻，成為完全無顆粒狀的稀麵糊，然後放在室溫下靜置約10分鐘。

③ 烤盤鋪上防沾烤布（或防沾烘焙紙），將稀麵糊刮入烤盤（36×26公分）內，用小刮板抹平後，再用鋸齒狀的小刮板從左到右上下來回地刮出彎曲線條。

④ 烤箱以上、下火約160～170℃預熱後，烤約12～15分鐘，呈金黃色即可，取出烤盤後，趁熱將防沾烤布捲起來，先固定約10秒鐘待薄片定型。

⑤ 很快即會定型，即可取出脆條，待完全冷卻後放入容器中密封保存。

▶ 保存期限：密封放置在室溫下，約可保存7天左右。

巧克力條　參見 DVD 示範

材料

苦甜巧克力	**80**克

做法

① 將苦甜巧克力切碎倒入鍋子（或耐熱容器）內，以隔水加熱方式融化巧克力，開小火加熱時，鍋內的熱水不要沸騰，並用橡皮刮刀邊攪拌。

② 直到巧克力快要融化時即須熄火（或將鍋子離開熱水），成為具光澤度的巧克力糊。

③ 用橡皮刮刀將巧克力糊刮入紙製擠花袋內，在袋口尖處剪一個洞口，即可將巧克力糊擠出來。

④ 首先將一張防沾黏的烘焙紙鋪在工作台上，然後慢慢地將巧克力糊直接擠出**彎曲狀的細線條**，或將巧克力糊擠成來回的**交叉線條**，亦可將巧克力糊擠成直徑約1.5公分的圓圈，再用小湯匙輕輕地轉圈再劃開呈**扇形**。

⑤ 待巧克凝固後即可使用，利用方便的免調溫苦甜巧克力來製作裝飾用配料，讀者們可依個人喜好製成各式造型。

▶ 保存期限：密封放置在室溫下，約可保存兩星期左右。

果凍

在所有西點類別中，「果凍」（Jelly）幾乎是零失敗率的產品，晶瑩剔透的視覺效果，加上軟Q滑溜、入口即化的口感特性，深受大眾喜愛；尤其是用料中不含任何油脂，熱量相對地也較低。

果凍的基本成分，是由水、糖、果汁及「凝固劑」所組成；廣泛來說，任何水果或食材，只要能夠製成液體狀態，就能夠與凝固劑結合做成果凍，因此從新鮮水果、茶類、可可粉、咖啡粉以及酒類，甚至蔬菜類等，都是果凍的可用素材，只要依循果凍的製作方式，就能享用各式的美味果凍喔！

果凍的製作

製作原則 煮果凍液＋軟化的吉利丁片

製作流程

浸泡吉利丁片→煮各式果汁→加吉利丁片→成為果凍液→過篩（視需要）→降溫冷卻→果凍液倒入容器內→冷藏至凝固

為什麼要用「吉利丁片」做果凍？

藉由所謂的「凝固劑」，即能將液體（各式果汁、液體醬汁）凝結成固體（各式果凍），像市售的吉利丁片（及吉利丁粉）、洋菜條（及洋菜粉）及加工的混合膠質（如：吉利T）等；每種凝固劑所做出的果凍成品，其口感各有差異，用法及凝固溫度也都不同。

以上各式凝固劑，就製作的方便性、口感特性與變數而言，簡單說明如下：

類別	使用方式及優缺點	大約凝固時間	口感	購買處
吉利丁片	須用大量冰塊水泡軟，使用方便	須冷藏約3～4小時才會凝固	滑順軟Q，有彈性	烘焙材料行
吉利丁粉	須用約五倍的水浸泡，腥味較重	須冷藏約3～4小時才會凝固	滑順軟Q，有彈性	烘焙材料行
洋菜條	須長時間浸泡再煮軟，材料過輕秤重不方便，容易誤差	在室溫下經過數十分鐘即會凝固	脆硬，沒有彈性	超市、雜貨店
洋菜粉	須用水浸泡，較洋菜條方便	在室溫下經過數十分鐘即會凝固	脆硬，沒有彈性	不易購買
吉利T粉	與糖先乾拌混合，使用方便	在室溫下經過數十分鐘即會凝固	比吉利丁製品更Q，有彈性	烘焙材料行

從以上分析看來，只有吉利丁片的變數較少，其中所謂的「吉利T粉」，雖然製品的口感很好，但礙於是加工性用料，唯恐每家廠商的產品會有差異，同時台灣以外的讀者或許也容易混淆或取得不便，因此捨棄台灣讀者熟悉的「吉利T粉」來製作果凍；另外還有市售的「寒天」，其成分純度或與洋菜之間的差異性等諸多問題，也會影響成品的製作變數。因此，本單元的所有果凍成品，都是利用「吉利丁片」製成的。

有關吉利丁的相關問題，請看p.13～14的說明。

果凍的軟硬度

　　果凍的軟硬度，取決於吉利丁片與液體用量的多寡；因此，要製作軟硬適中的果凍，吉利丁片與液體之間的比例，須確實掌握。

◆考量果凍的「凝固效果、用料影響及個人喜愛的口感偏好」等因素，可適度調整書中果凍食譜的液體用量，或將食譜中的吉利丁片做增減，同樣也具有調整口感的作用。

◆製作前，請確認自己所使用的吉利丁片重量，如與本書所使用的重量（1片＝約2.5克）有出入時，請自行換算調整。

吉利丁片與液體的比例

1片吉利丁片（約2.5克）＋ 液體（約80～150克）→ 可讓液體凝固

　　不同的液體用量，直接影響果凍的軟硬度，以下是不同比例的紅茶汁所製成的果凍，雖然外觀只有些微差異，但口感卻明顯不同。

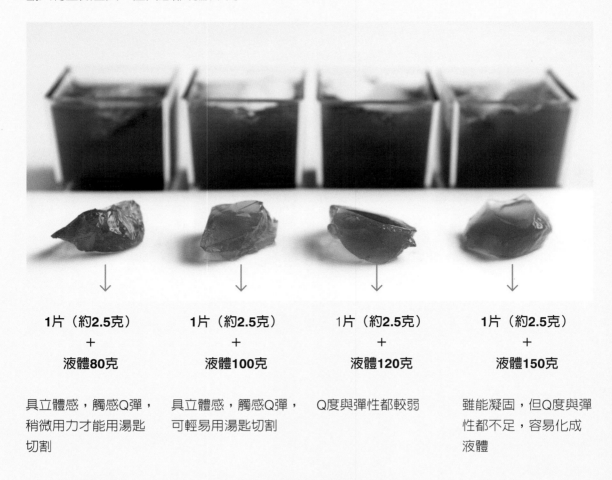

1片（約2.5克）	1片（約2.5克）	1片（約2.5克）	1片（約2.5克）
+	+	+	+
液體80克	液體100克	液體120克	液體150克
具立體感，觸感Q彈，稍微用力才能用湯匙切割	具立體感，觸感Q彈，可輕易用湯匙切割	Q度與彈性都較弱	雖能凝固，但Q度與彈性都不足，容易化成液體

◆以上的成品，左一及左二的口感只有些微差異，都是果凍的正常口感。

煮「果凍液」+ 軟化的「吉利丁片」

製作果凍前，首先必須將所需的吉利丁片用冰開水（加冰塊）泡軟，接著開始將食譜中的材料一一混合加熱，即成一鍋「有味道的液體」，最後再將軟化的吉利丁片加入液體內融化，即成尚未冷藏凝固的「果凍液」。

在材料加熱過程中，主要目的是將**細砂糖融化**及**融化吉利丁片**二個重點，如p.14「融化吉利丁片的溫度」的說明，只要將鍋內的液體加熱至40~50℃即可；因此不會將材料中的新鮮果泥或果汁過度加熱，而影響果凍成品的風味。

當然，有些材料為了凸顯風味或保留香氣，則會避免加熱過程（如p.47「啤酒凍」做法⑥~⑦的檸檬汁及啤酒），甚至會保留部分果汁在融化吉利丁片之後再加入（如p.49「西瓜果凍」的做法⑥的西瓜汁）。

製作「果凍液」的時間非常快速，在製程中必須注意以下要點：

◆如果是以新鮮水果製作時，必須使用均質機（或料理機）絞打成均勻細緻的果泥或果汁，否則顆粒過粗時，會影響果凍的凝固力及口感。

◆將液體材料（含細砂糖）加熱時，必須用橡皮刮刀不停地攪拌，有助於細砂糖快速融化。

◆當鍋內的液體溫度約達40~50℃時，即可熄火，再利用餘溫將未完全融化的細砂糖繼續攪融；千萬別為了鍋內尚未完全融化的細砂糖而持續加熱，當液體的溫度過高時，不利於吉利丁片的凝固品質（如p.14的「融化吉利丁片的溫度」）。

「果凍液」製作完成後，為何要隔冰塊水冷卻？

剛製作完成的「果凍液」仍有餘溫，在分裝倒入小容器之前，最好將裝有果凍液的煮鍋（或料理盆、大容杯）放在冰塊水上降溫至冷卻，並用橡皮刮刀適時地攪動一下，以免容器邊緣的液體凝結；最後果凍液冷卻至具濃稠感，攪動的手感會有輕微的阻力，但仍具有很好的流性即可。

「果凍液」經過冰鎮稍微變稠後，好處如下：

◆「果凍液」的質地會更加均勻細緻，同時也能縮短凝固時間。

◆如「果凍液」內有較濃稠的物質（如p.48的「西瓜果凍」）或要加入配料時（如p.65的「椰奶果凍」），較不易沉澱或分層。

「果凍液」製作完成後，爲何要過篩？

　　當所有的材料全部融爲一體，製成「果凍液」時，藉由過篩動作，會讓果凍液更加均勻細緻，如p.61的「梅酒橙汁果凍液」、p.49做法⑥的「西瓜果凍液」；同時也能去除不必要的雜質、粗纖維或粗粒物質，如p.53「檸檬蜂蜜果凍液」的做法⑦過篩後，濾掉檸檬皮屑，成品口感與質地會更好。

　　如果刻意要保留水果纖維時，則可省略過篩動作，如p.45「柳橙蜂蜜果凍」做法⑨。

過篩時，須減低損耗！

如「果凍液」的質地較濃稠（如p.49做法⑥的「西瓜果凍液」），則須用橡皮刮刀將篩網上的泥狀物儘量壓過篩網，還有過篩後附著在篩網底部的濃稠液也要儘量刮下來，才不會造成果凍液過多的損耗。

「果凍液」倒入容器內的方式

爲了順利且方便地將果凍液倒入每個小容器內，可參考以下圖①~③的方式：

①最好用有尖嘴出口的煮鍋來製作果凍液，無論冷卻時的效率或分裝至小容器時，都非常方便。

②果凍液冰鎮後，先倒入（篩入）大的塑膠量杯內，即可方便地將果凍液倒入每個小容器內。

③如「果凍液」內含些固體配料時，可利用斜口尖嘴的湯勺（或大湯匙），舀出果凍液及配料至小容器內。

▲無論用那種方式分裝果凍液，都要儘量慢慢地倒入小容器內，以免產生過多的氣泡；如氣泡過大或過多時，可撕一小塊保鮮膜，貼在果凍液表面沾黏一下，即可去除氣泡。

「果凍液」只可冷藏，不可冷凍

　　不可為了加速凝固時間，而將裝有果凍液的小容器放置在冷凍庫內，否則凝固後的果凍質地就會變得粗糙過硬，同時失去應有的彈性。

　　因此事先將果凍液放在大量的冰塊水上徹底冷卻，有助於果凍液在冷藏室內能夠快速凝固。

為什麼果凍無法凝固？

依照食譜上的材料及做法，果凍液冷藏數小時後，最後仍無法凝固，其中影響的可能因素如下：

◆吉利片用量過少，確認吉利丁片的重量，每片應為2.5公克，否則應補足需要的分量；重量不足時，則會影響凝固效果。

◆液體的溫度過低（不到30℃），加上未確實攪拌均勻，而無法將回軟的吉利丁片完全融化。

◆液體的溫度過高（超過70℃以上），而讓吉利丁片的結構被分解，而影響果凍液的凝結力。

◆水果中含有蛋白分解酵素（例如：奇異果、鳳梨、木瓜……等），會將吉利丁片內所含的蛋白質分解破壞，導致果凍液無法凝固；因此如用這些水果製作時，果汁必須加熱至70~80℃以上，然後降溫後再加入吉利丁片。

可適度增減糖量

　　可依據新鮮水果的酸甜度或個人的嗜甜程度，增減食譜中的糖量，像是西瓜、百香果、奇異果及芒果等新鮮水果，其酸甜度或許有很大落差，因此在製作果凍液時可稍微試吃一下，以確認水果的酸甜度。

紅茶果凍

淡淡的茶香，軟Q的口感，果凍系列的基本款；
除了紅茶之外，也可利用其他不同的茶葉製作，
像是凍頂烏龍、香草茶、菊花茶或綠茶等，都非常適合喔！

參考分量
180 cc的容器約 **4** 杯

材料

吉利丁片	**4** 片
冷開水	**450** 克
紅茶茶葉（伯爵茶）	**10** 克
薄荷葉	**5** 克
細砂糖	**60** 克

搭配

打發的動物性鮮奶油	約 **30** 克

做 法

1 容器內放入冰開水及
冰塊，再將吉利丁片
放入冰塊水內浸泡至
軟化。

➡ 冰塊水須完全覆蓋吉利
丁片，要確實泡軟。

2 冷開水倒入鍋中，加
熱至快要沸騰時即熄
火。

➡ 泡紅茶的水溫不要過
高，約達90℃即可，泡
出的茶湯才不會苦澀。

3 將茶葉倒入熱水中，浸泡約 1~2 分鐘即可。

➡ 浸泡時可蓋上鍋蓋，可讓茶湯釋放濃郁香氣。

4 將細砂糖倒入鍋內，用橡皮刮刀攪拌至完全融化。

➡ 細砂糖也可改用黃砂糖（二砂糖）代替，味道香醇。

5 將做法 ① 泡軟的吉利丁片擠乾水分，再放入鍋內，並用橡皮刮刀攪拌至吉利丁片完全融化。

➡ 攪拌時，須注意鍋邊也要刮到，質地才會均勻細緻。

6 薄荷葉洗乾淨並擦乾水分，再放入鍋中攪勻，即成**紅茶果凍液**。

➡ 最後再加入適量的薄荷葉，可適度增添紅茶果凍的香氣層次。

7 將紅茶果凍液以篩網瀝出。

➡ 須用橡皮刮刀將篩網上的茶葉儘量壓一壓，才不會造成過多損耗。

8 將做法 ⑦ 整個容器放在冰塊水上降溫至冷卻，須適時地用橡皮刮刀攪動一下，好讓果凍液均勻細緻。

➡ 冰鎮冷卻後，會呈現稍微濃稠感，用橡皮刮刀攪動時，會有輕微的阻力即可。

9 將紅茶果凍液平均地倒入容器內，約七、八分滿，即可放入冰箱冷藏至凝固。

➡ 倒入容器內的紅茶果凍液，可依個人喜好斟酌分量。

10 將動物性鮮奶油打發後，裝入擠花袋內，擠在已凝固的果凍上。

➡ 動物性鮮奶油與紅茶果凍搭配，增添滑潤香醇口感；也可直接淋在果凍上，不需打發。

咖啡果凍

跟紅茶果凍一樣，
品嚐時配點動物性鮮奶油，不但提升風味，
而且口感更加圓潤順口喔！

參考分量
180 cc的容器約 4 杯

材料

吉利丁片	4 片
冷開水	400 克
即溶咖啡粉	10 克（2 大匙）
細砂糖	50 克
卡魯哇咖啡酒	1 小匙

搭配

動物性鮮奶油	約 30 克
無糖可可粉	少許

做 法

1 容器內放入冰開水及
冰塊，再將吉利丁片
放入冰塊水內浸泡至
軟化。

➡ 冰塊水須完全覆蓋吉利
丁片，要確實泡軟。

2 冷開水加熱至快要沸
騰時即熄火。

➡ 泡即溶咖啡的水溫不
要過高，約達90℃即
可，泡出的咖啡才不會
酸澀。

3 將即溶咖啡粉倒入鍋內，攪拌至咖啡粉完全融化。

➡ 不同品牌的即溶咖啡粉，風味或許有差異，因此可依個人口味，將用量做適度增減。

4 接著將細砂糖倒入鍋內，用橡皮刮刀攪拌至完全融化。

➡ 細砂糖也可改用黃砂糖（二砂糖）代替，味道會更加香醇。

5 最後加入卡魯哇咖啡酒，用橡皮刮刀攪勻。

➡ 可改用貝禮詩甜奶酒（Baileys Irish Cream）調味。

6 將做法 ① 泡軟的吉利丁片擠乾水分，再放入鍋內，並用橡皮刮刀攪拌至吉利丁片完全融化，即成**咖啡果凍液**。

➡ 攪拌時，須注意鍋邊也要刮到，質地才會均勻細緻。

7 將做法 ⑥ 整個容器放在冰塊水上降溫至冷卻，須適時地用橡皮刮刀攪動一下，好讓果凍液均勻細緻。

➡ 冰鎮冷卻後，會呈現稍微濃稠感，用橡皮刮刀攪動時，會有輕微的阻力即可。

8 將咖啡果凍液平均地倒入容器內，約七、八分滿，即可放入冰箱冷藏至凝固。

➡ 倒入容器內的咖啡果凍液，可依個人喜好斟酌分量。

9 將動物性鮮奶油稍微打發（仍會流動），取適量放入已凝固的果凍上，再篩上少許無糖可可粉即可。

➡ 動物性鮮奶油與咖啡果凍搭配，增添滑潤香醇口感；也可將鮮奶油直接淋在果凍上，不需打發。

葡萄柚檸檬薄荷果凍

參見 DVD 示範

美味的果凍來自於「調味效果」，葡萄柚單獨製成果凍，
是酸澀的滋味，但添加了蜂蜜，
同時還有檸檬薄荷果凍當配料，就不一樣囉！

參考分量
135cc 的容器約 5 杯

材料

葡萄柚果凍	
吉利丁片	4 又 1/2 片
冷開水	100 克
細砂糖	30 克
葡萄柚原汁	250 克
蜂蜜	30 克
檸檬薄荷果凍	
吉利丁片	2 片
冷開水	100 克
細砂糖	30 克
薄荷葉	1 克
檸檬汁	15 克
葡萄柚果肉	70 克

做 法

1 葡萄柚果凍：容器內放入冰開水及冰塊，再將吉利丁片放入冰塊水內浸泡至軟化。

➡ 冰塊水須完全覆蓋吉利丁片，要確實泡軟。

2 冷開水加細砂糖一起放入鍋內，用小火邊加熱邊攪拌，將細砂糖煮至融化即熄火。

➡ 不要煮至沸騰，只要溫度達到約40~50℃，可將吉利丁片融化的溫度即可，請看p.14的說明。

3 將做法 ① 泡軟的吉利丁片擠乾水分，再放入鍋內，並用橡皮刮刀攪拌至吉利丁片完全融化。

➡ 攪拌時，須注意鍋邊也要刮到，質地才會均勻細緻。

4 接著將葡萄柚原汁倒入鍋內，用橡皮刮刀攪勻。

➡ 用新鮮葡萄柚榨汁來製作，風味最佳；但不同品種的甜度會有些差異，糖量可斟酌增加。

5 最後加入蜂蜜，用橡皮刮刀攪勻，即成**葡萄柚果凍液**。

➡ 加入適量的蜂蜜，可緩和葡萄柚的酸澀味，提升香甜口感；沾黏在容器上的蜂蜜，須儘量刮乾淨。

6 將做法 ⑤ 整個容器放在冰塊水上降溫至冷卻，須適時地用橡皮刮刀攪動一下，好讓果凍液均勻細緻。

➡ 冰鎮冷卻後，會呈現稍微濃稠感，用橡皮刮刀攪動時，會有輕微的阻力即可。

7 將葡萄柚果凍液平均地倒入容器內，約七分滿，即可放入冰箱冷藏至凝固。

➡ 倒入容器內的葡萄柚果凍液，可依個人喜好斟酌分量。

8 **檸檬薄荷果凍**：容器內放入冰開水及冰塊，再將吉利丁片放入冰塊水內浸泡至軟化。

➡ 冰塊水須完全覆蓋吉利丁片，要確實泡軟。

9 冷開水加細砂糖及薄荷葉一起放入鍋內，用小火邊加熱邊攪拌，將細砂糖煮至融化即熄火。

➡ 不要煮至沸騰，只要溫度達到約40~50℃，可將吉利丁片融化的溫度即可，請看p.14的說明。

10 將做法 ⑧ 泡軟的吉利丁片擠乾水分，再放入鍋內，並用橡皮刮刀攪拌至吉利丁片完全融化。

➡ 攪拌時，須注意鍋邊也要刮到，質地才會均勻細緻。

11 最後加入檸檬汁，用橡皮刮刀攪勻，即成**檸檬薄荷果凍液**。

➡ 也可改用柳橙增加香氣與風味。

12 將檸檬薄荷果凍液以篩網瀝出，並將容器放在冰塊水上降溫。

➡ 須用橡皮刮刀將篩網上的薄荷葉儘量壓一壓，才不會造成過多損耗。

13 將新鮮葡萄柚果肉鋪在已凝固的葡萄柚果凍上，再倒入檸檬薄荷果凍液，即可放入冰箱繼續冷藏至凝固。

➡ 葡萄柚果凍及檸檬薄荷果凍的比例可依個人喜好斟酌調整。

葡萄柚（或柳橙）的果肉如何取出？

① 首先將葡萄柚的蒂頭部分切除一塊，再將葡萄柚放在砧板上，用水果刀將果皮一片片切下來。

② 接著將葡萄柚底部切除，再將果肉一瓣瓣地片下來。

③ 每一瓣果肉的外膜都要輕輕地切除，只取葡萄柚果肉，搭配果凍的口感才會好。

柳橙蜂蜜果凍

加點柳橙皮、蜂蜜及香橙酒，
足以讓「柳橙果凍」變得更有深度，口感更加驚喜！

參考分量
110 cc的容器約 5 杯

材料

吉利丁片	3 又 1/2 片
冷開水	50 克
細砂糖	10 克
柳橙汁	300 克
柳橙皮	1 小匙（約 1 個）
蜂蜜	20 克
香橙酒	1 小匙
柳橙果肉	200 克（約 2 個）

做 法

1 容器內放入冰開水及
冰塊，再將吉利丁片
放入冰塊水內浸泡至
軟化。

➡ 冰塊水須完全覆蓋吉利
丁片，要確實泡軟。

2 冷開水加細砂糖一起
放入鍋內，用小火邊
加熱邊攪拌，將細砂
糖煮至融化。

➡ 不要煮至沸騰，只要將
細砂糖煮到融化，接著
要加入柳橙汁續煮。

3 接著將柳橙汁約 100 克倒入鍋內，用小火繼續加熱，煮到溫度約 40~50℃即熄火。

➥ 可將吉利丁片融化的溫度即可，請看p.14的說明。

4 加入事先刨好的柳橙皮屑，用橡皮刮刀攪勻。

➥ 柳橙皮屑不宜久煮，否則會釋放苦澀味道。

5 接著用橡皮刮刀將蜂蜜刮入鍋內，須確實攪拌均勻。

➥ 沾黏在容器上的蜂蜜，須儘量刮乾淨。

6 將做法 ① 泡軟的吉利丁片擠乾水分，再放入鍋內，並用橡皮刮刀攪拌至吉利丁片完全融化。

➥ 攪拌時，須注意鍋邊也要刮到，質地才會均勻細緻。

7 將剩餘的柳橙汁倒入鍋內，用橡皮刮刀攪勻。

➥ 用國產新鮮柳橙榨汁製作，風味最佳；也可改用歐美國家進口的香吉士，但酸度較高，糖量可斟酌的增加。

8 最後將香橙酒倒入鍋內，用橡皮刮刀攪勻後，即成**柳橙蜂蜜果凍液**。

➥ 也可改用蘭姆酒增加香氣與風味。

9 將柳橙蜂蜜果凍液以篩網過篩。

➥ 藉由過篩動作，可使成品的質地更加均勻細緻。

10 將做法 ⑨ 整個容器放在冰塊水上降溫至冷卻，須適時地用橡皮刮刀攪動一下，好讓果凍液均勻細緻。

➥ 冰鎮冷卻後，會呈現稍微濃稠感，用橡皮刮刀攪動時，會有輕微的阻力即可。

11 將柳橙蜂蜜果凍液平均地倒入容器內，約七、八分滿，即可放入冰箱冷藏至凝固，最後將柳橙果肉鋪在已凝固的果凍表面即可。

➥ 倒入容器內的柳橙蜂蜜果凍液，可依個人喜好斟酌分量；取柳橙果肉的方式，請看p.43的「葡萄柚（或柳橙）的果肉如何取出？」

啤酒凍

 參見 **DVD** 示範

清澈的啤酒凍與綿密的氣泡，
如同封住了啤酒透心涼的暢快，
淡淡的麥香、爽口的氣味，「吃」或「喝」各有巧妙！

參考分量
135 cc的容器約 **3** 杯

材料

吉利丁片	3 片
冷開水	130 克
細砂糖	25 克
檸檬汁	15 克（1 大匙）
啤酒	150 克

做 法

1 容器內放入冰開水及冰塊，再將吉利丁片放入冰塊水內浸泡至軟化。

➡ 冰塊水須完全覆蓋吉利丁片，要確實泡軟。

2 冷開水加細砂糖一起放入鍋內，用小火邊加熱邊攪拌，將細砂糖煮至融化即熄火。

➡ 不要煮至沸騰，只要溫度達到約40~50℃，可將吉利丁片融化的溫度即可，請看p.14的說明。

③ 將做法 ① 泡軟的吉利丁片擠乾水分，再放入鍋內，並用橡皮刮刀攪拌至吉利丁片完全融化。

➡ 攪拌時，須注意鍋邊也要刮到，質地才會均勻細緻。

④ 將做法 ③ 整個容器放在冰塊水上降溫至冷卻，須適時地用橡皮刮刀攪動一下，好讓鍋內液體均勻細緻。

➡ 待鍋中的液體冷卻後，再加入檸檬汁及啤酒，可保有天然香氣及風味。

⑤ 將檸檬汁倒入做法 ④ 的液體內。

➡ 添加檸檬汁可增添啤酒凍的風味，也可改用柳橙汁代替。

⑥ 最後倒入啤酒，用橡皮刮刀輕輕攪勻，即成**啤酒凍液**。

➡ 啤酒在需要倒入鍋中時再開罐秤出，以確保風味不流失。

⑦ 將啤酒凍液平均地倒入容器內，約七、八分滿，最後須留下約 90 克的分量。

➡ 須刻意留下啤酒凍液，以便攪打成氣泡狀，鋪在啤酒凍上裝飾。

⑧ 將剩餘的啤酒凍液用攪拌機快速攪打至起泡。

➡ 攪打時，只要出現均勻的氣泡即可，不需像打蛋白霜所要求的硬挺質地；也可在做法⑦的倒入容器之前，先取出約90克的分量備用，但須放在冰塊水上持續保持冰冷狀態。

⑨ 將做法 ⑧ 的泡沫舀在做法 ⑦ 的液體之上，即可放入冰箱冷藏至凝固。

➡ 氣泡底部會殘留一些啤酒凍液，再直接舀入每個容器內即可。

台灣啤酒

食譜中所使用的台灣啤酒，酒精度為5.0度，容量0.33公升，可做出上述食譜的2份。

西瓜果凍

香甜的西瓜，加一點點鹽及香橙酒調味，
讓西瓜果凍的滋味更加順口！

參考分量
140 cc的容器約 6 杯

材料

吉利丁片	6 片
西瓜果肉 550 克（去皮去籽後）	
冷開水	50 克
細砂糖	30 克
鹽	1/4 小匙
香橙酒	1/2 小匙
水滴形巧克力	5 克

做　法

1 容器內放入冰開水及冰
塊，再將吉利丁片放入
冰塊水內浸泡至軟化。

➡ 冰塊水須完全覆蓋吉利
丁片，要確實泡軟。

2 西瓜果肉切成小塊，放入均質機
內絞打，成為無顆粒狀又細緻的
西瓜汁。

➡ 儘量切成小塊，即能快速攪打成果
汁狀；除了用方便的均質機絞打外，
也可利用食
物料理機製
作。

3 取西瓜汁約 100 克，加冷開水、細砂糖及鹽一起放入鍋內，用小火加熱，同時邊攪拌直到細砂糖融化即熄火。

➥ 將部分西瓜汁與冷開水加熱，可避免過少的水量不易將吉利丁片融化；加熱不要煮至沸騰，只要溫度達到約40~50℃，可將吉利丁片融化的溫度即可，請看p.14的說明。

4 將做法 ① 泡軟的吉利丁片擠乾水分，再放入鍋內，並用橡皮刮刀攪拌至吉利丁片完全融化。

➥ 攪拌時，須注意鍋邊也要刮到，質地才會均勻細緻。

5 接著倒入香橙酒攪拌均勻。

➥ 也可改用蘭姆酒增加香氣與風味。

6 將做法 ⑤ 的西瓜混合液全部倒入原先剩餘的西瓜汁內攪拌均勻，即成**西瓜果凍液**。

➥ 剩餘的西瓜汁未加熱，可確保風味不流失；也可將西瓜汁直接倒入鍋內攪勻。

7 將西瓜果凍液以篩網過篩。

➥ 藉由過篩動作，可使成品的質地更加均勻細緻。

8 過篩時，須用橡皮刮刀將篩網上的西瓜果泥儘量壓過篩網，才不會造成過多損耗。

➥ 過篩後的果泥，會附著在篩網底部，也要刮乾淨，如p.87焦糖南瓜布丁的圖⑫。

9 將做法 ⑧ 整個容器放在冰塊水上降溫至冷卻，須適時地用橡皮刮刀攪動一下，好讓果凍液均勻細緻。

➥ 冰鎮冷卻後，會呈現稍微濃稠感，可避免果泥沉澱。

10 將西瓜果凍液平均地倒入容器內，約八分滿，即可放入冰箱冷藏至凝固。

➥ 可將西瓜果凍液先裝入有尖口的容器內，以便平均地倒入小容器內。

11 將適量的小顆水滴形巧克力豆放在果凍表面裝飾即完成。

➥ 當果凍液尚未完全凝固時，即可放上巧克力豆裝飾，較能固定在果凍內。

西瓜

國產紅色西瓜，香甜多汁，製成果凍依然散發原有的宜人風味；也可改用其他品種的小玉西瓜來製作。

柳橙西瓜果凍佐檸檬果凍

加了柳橙汁的西瓜果凍，滋味更加豐富，
同時還配上酸甜爽口的檸檬果凍，3種鮮果一次入口，嚐嚐看喔！

材料

柳橙西瓜果凍

吉利丁片	5 片
西瓜果肉	250 克（去皮後）
冷開水	60 克
細砂糖	20 克
柳橙汁	100 克

搭配

檸檬果凍　（請看 **p.25** 的材料）

做 法

1 容器內放入冰開水及
冰塊，再將吉利丁片
放入冰塊水內浸泡至
軟化。

➥ 冰塊水須完全覆蓋吉利
丁片，要確實泡軟。

2 西瓜果肉切成小塊，
放入均質機內攪打，
成為無顆粒狀又細緻
的西瓜汁。

➥ 儘量切成小塊，即能快
速攪打成果汁狀。

3 將柳橙汁倒入西瓜汁內混合均勻備用。

➡ 先混合均勻，可方便與吉利丁液拌合。

4 冷開水加細砂糖一起放入鍋內，用小火邊加熱邊攪拌，將細砂糖煮至融化即熄火。

➡ 不要煮至沸騰，只要溫度達到約40~50℃，可將吉利丁片融化的溫度即可，請看p.14的說明。

5 將做法 ① 泡軟的吉利丁片擠乾水分，再放入鍋內，並用橡皮刮刀攪拌至吉利丁片完全融化。

➡ 攪拌時，須注意鍋邊也要刮到，質地才會均勻細緻。

6 將做法 ⑤ 的液體全部倒入做法 ③ 的柳橙西瓜汁內，攪拌均勻，即成**柳橙西瓜果凍液**。

➡ 做法 ⑤ 的液體尚有餘溫，即可倒入果凍液內；柳橙西瓜汁不要加熱，以確保風味不流失。

7 將做法 ⑥ 的柳橙西瓜果凍液以篩網過篩。

➡ ◆藉由過篩動作，可使成品的質地更加均勻細緻。

8 將做法⑦整個容器放在冰塊水上降溫至冷卻，須適時地用橡皮刮刀攪動一下，使果凍液均勻細緻。將西瓜柳橙果凍液平均地倒入容器內，約七、八分滿，即可放入冰箱冷藏至凝固。

➡ 冰鎮冷卻後，會呈現稍微濃稠感，用橡皮刮刀攪動時，會有輕微的阻力，可避免果泥沉澱。

9 依 p.25 的做法，事先將檸檬果凍製作完成，凝固後切成約 0.7 公分的小方丁，取適量放在凝固的柳橙西瓜果凍上。

➡ 柳橙西瓜果凍及檸檬果凍的比例可依個人喜好斟酌調整；檸檬果凍可切成任何形狀。

檸檬蜂蜜果凍佐黑糖果凍

檸檬與蜂蜜似乎是好朋友，
不過再來點黑糖提味，好上加好！

參考分量
70 cc的容器約 8 杯

材料

檸檬蜂蜜果凍

吉利丁片	3 又 1/2 片
冷開水	300 克
細砂糖	55 克
檸檬皮屑	1 小匙
蜂蜜	20 克
檸檬汁	35 克

搭配

黑糖果凍　　（請看 p.25 的材料）

做法

1 容器內放入冰開水及冰塊，再將吉利丁片放入冰塊水內浸泡至軟化。

➡ 冰塊水須完全覆蓋吉利丁片，要確實泡軟。

2 冷開水加細砂糖一起放入鍋內，用小火邊加熱邊攪拌，將細砂糖煮至融化即熄火。

➡ 不要煮至沸騰，只要溫度達到約40~50℃，可將吉利丁片融化的溫度即可，請看p.14的說明。

3 接著加入事先刨好的檸檬皮屑。

➡ 檸檬汁之外,再加檸檬皮屑,可提升香氣與風味。

4 將做法 ① 泡軟的吉利丁片擠乾水分,再放入鍋內,並用橡皮刮刀攪拌至吉利丁片完全融化。

➡ 攪拌時,須注意鍋邊也要刮到,質地才會均勻細緻。

5 接著用橡皮刮刀將蜂蜜刮入鍋內,須確實攪拌均勻。

➡ 沾黏在容器上的蜂蜜,須儘量刮乾淨。

6 最後倒入檸檬汁攪拌均勻,即成**檸檬蜂蜜果凍液**。

➡ 加完檸檬汁後,可稍微嚐一下,確認酸甜度後,可斟酌增加糖量。

7 將檸檬蜂蜜果凍液以篩網過篩。

➡ 藉由過篩動作,可使成品的質地更加均勻細緻。

8 將做法 ⑦ 整個容器放在冰塊水上降溫至冷卻,須適時地用橡皮刮刀攪動一下,好讓果凍液均勻細緻。

➡ 冰鎮冷卻後,會呈現稍微濃稠感,用橡皮刮刀攪動時,會有輕微的阻力即可。

9 將檸檬蜂蜜果凍液平均地倒入容器內,約五、六分滿,接著放入冰箱冷藏至凝固。

➡ 倒入容器內的檸檬蜂蜜果凍液,可依個人喜好斟酌分量。

10 依 p.25 的做法,事先將黑糖果凍製作完成,凝固後切成約 0.7 公分的小方丁,取適量放在凝固的檸檬蜂蜜果凍上。

➡ 檸檬蜂蜜果凍及黑糖果凍的比例,可依個人喜好斟酌調整;果凍可切成任何形狀。

葡萄氣泡果凍

多汁香甜的葡萄鑲嵌在晶瑩剔透的氣泡果凍內，
無論視覺還是口感，都不錯喔！

參考分量
180 cc的容器約 **4** 杯

材料

吉利丁片	5 片
冷開水	100 克
細砂糖	25 克
香橙酒	1 小匙
檸檬皮屑	1/4 小匙
檸檬汁	1 小匙
七喜汽水 (7UP)	1 罐（約 330 克）
葡萄	150 克（去皮後）

做 法

1 容器內放入冰開水及冰塊，再將吉利丁片放入冰塊水內浸泡至軟化。

➡ 冰塊水須完全覆蓋吉利丁片，要確實泡軟。

2 冷開水加細砂糖一起放入鍋內，用小火邊加熱邊攪拌，將細砂糖煮至融化即熄火。

➡ 不要煮至沸騰，只要溫度達到約40~50℃，可將吉利丁片融化的溫度即可，請看p.14的說明。

③ 將做法 ① 泡軟的吉利丁片擠乾水分，再放入鍋內，並用橡皮刮刀攪拌至吉利丁片完全融化。

➡ 攪拌時，須注意鍋邊也要刮到，質地才會均勻細緻。

④ 接著加入香橙酒，用橡皮刮刀攪勻。

➡ 也可改用蘭姆酒增加香氣與風味。

⑤ 將事先刨好的檸檬皮屑與檸檬汁放在同一容器中，再倒入鍋內，用橡皮刮刀攪勻。

➡ 也可改用柳橙增加香氣與風味。

⑥ 將做法 ⑤ 整個容器放在冰塊水上降溫至冷卻，須適時地用橡皮刮刀攪動一下，好讓果凍液均勻細緻。

➡ 冷卻後再加入汽水，能確保汽水較慢消泡。

⑦ 最後倒入汽水，輕輕攪勻即成**氣泡果凍液**。

➡ 倒入時，因有大量氣泡，不用過度攪動；改用任何原味的蘇打汽水均可。

⑧ 先將表面的氣泡舀出盛在另一容器中。

➡ 事先將氣泡舀出來，稍後用於成品表面的裝飾。

⑨ 將氣泡果凍液過篩後，可再放回冰塊水上降溫，直到橡皮刮刀攪動時，呈濃稠狀，但仍會流動時，再平均地倒入容器內，約七、八分滿。

➡ 將氣泡果凍液隔冰塊水降溫冷卻至稍微濃稠狀，即可避免加入新鮮葡萄時會沉至底部。

⑩ 接著將新鮮葡萄輕輕地放入果凍液內。

➡ 最好選用無籽葡萄，可方便食用，可依個人喜好放入新鮮葡萄的分量，或以其他新鮮水果代替。

⑪ 將舀出的氣泡用攪拌機再打出更多氣泡，再填在已凝固的果凍上，接著放入冰箱冷藏至凝固。

➡ 攪打氣泡方式，請參考p.47啤酒凍的做法⑧。

白酒洛神花果凍

白酒的香氣與洛神花的酸甜，味道很合！
果凍中的小方丁，是白酒？還是洛神花？其實都可以喔！

參考分量
135 cc的容器約 4 杯

材料

洛神花果凍

吉利丁片	4 片
新鮮洛神花	60 克（去籽）
清水	500 克
細砂糖	60 克
柳橙皮屑	1 小匙
香橙酒	1 小匙

白酒果凍

吉利丁片	4 又 1/2 片
冷開水	350 克
細砂糖	50 克
白葡萄酒	60 克

做法

1 洛神花果凍：容器內放入冰開水及冰塊，再將吉利丁片放入冰塊水內浸泡至軟化。

➡ 因為要製成丁狀的洛神花果凍填入白酒果凍中，需要稍硬的質地，所以吉利丁片用量比p.58的「洛神花乳酸果凍」稍多；冰塊水須完全覆蓋吉利丁片，要確實泡軟。

2 將新鮮洛神花內的圓籽取出，洗乾淨後與清水一起放入鍋內，用中小火加熱煮至沸騰，接著轉小火續煮約 10 分鐘，熄火後再靜置約 5 分鐘，即成洛神花果汁。

➡ 加熱時，可將洛神花稍微撕成小塊，較容易將味道煮出來。

3 將洛神花果汁以篩網瀝出，得到的果汁重量約 300 克。

➡ 須用橡皮刮刀儘量將果汁壓出，瀝出的果汁約300克，不足的量可加些冷開水補足。

4 接著將洛神花果汁再放回爐火上，倒入細砂糖後繼續以小火加熱，煮至細砂糖融化即熄火。

➡ 因過篩後的果汁會降溫，所以必須再加熱一下，細砂糖才容易融化，但不要煮至沸騰。只要溫度達到約40~50℃，可將吉利丁片融化的溫度即可，請看p.14的說明。

5 接著加入事先刨好的柳橙皮屑。

➡ 也可改用檸檬皮屑增加香氣與風味。

6 將做法 ① 泡軟的吉利丁片擠乾水分，再放入鍋內，並用橡皮刮刀攪拌至吉利丁片完全融化。

➡ 攪拌時，須注意鍋邊也要刮到，質地才會均勻細緻。

7 最後倒入香橙酒攪拌均勻，即成**洛神花果凍液**。

➡ 也可改用蘭姆酒增加香氣與風味。

8 將做法 ⑦ 整個容器放在冰塊水上降溫至冷卻，須適時地用橡皮刮刀攪動一下，好讓果凍液均勻細緻。

➡ 冰鎮冷卻後，會呈現稍微濃稠感，用橡皮刮刀攪動時，會有輕微的阻力即可。

9 將洛神花果凍液以篩網直接過篩至平盤 (20×15 公分)內，接著放入冰箱冷藏至凝固。

➡ 藉由過篩動作，可使成品的質地更加均勻細緻。也可利用任何容器盛裝果凍液。

10 白酒果凍：依照做法 ① 將吉利丁片泡軟，冷開水加細砂糖一起放入鍋內，用小火邊加熱邊攪拌，將細砂糖煮至融化即熄火。

➡ 不要煮至沸騰，只要溫度達到約 40~50℃，可將吉利丁片融化的溫度即可，請看p.14的說明。

11 將泡軟的吉利丁片擠乾水分，再放入鍋內，並用橡皮刮刀攪拌至吉利丁片完全融化。

➡ 攪拌時，須注意鍋邊也要刮到，質地才會均勻細緻。

12 接著倒入白葡萄酒，用橡皮刮刀攪勻，即成**白酒凍液**。

➡ 任何白葡萄酒均可，如使用不帶甜味的白葡萄酒，糖量可酌量增加；白葡萄酒與冷開水的比例可依個人喜好斟酌調整。

13 將做法 ⑫ 整個容器放在冰塊水上降溫至冷卻，須適時地用橡皮刮刀攪動一下，好讓果凍液均勻細緻。

➡ 冰鎮冷卻後，會呈現稍微濃稠感，用橡皮刮刀攪動時，會有輕微的阻力即可。

14 將白酒凍液平均地倒入容器內，約七、八分滿，接著放入冰箱冷藏至邊緣稍微凝固即取出。

➡ 白酒凍液冷藏至邊緣快要凝固但仍會流動時，即須取出，接著填入洛神花果凍丁。

15 將做法 ⑨ 已凝固的洛神花果凍切成約 0.7 公分的小方丁，取適量放入快要凝固的白酒果凍內。

➡ 洛神花果凍丁填入快要凝固的白酒果凍中，就不會沉底；當然洛神花果凍丁也可在白葡萄酒果凍凝固前或凝固後放入，各有不同的裝飾效果。

洛神花
洛神花的學名Roselle，外觀呈豔紅色彩，直接食用味道酸澀，適合製成果醬、果凍、花茶或蜜餞等，有植物界的「紅寶石」之美譽；洛神花也常常做藥用植物使用，具抗氧化效果，利用價值頗高。

洛神花乳酸果凍 佐 新鮮葡萄

果凍與蒟蒻絲，都能以「軟Q口感」來形容，
但兩者肯定是有差異的，這就是品嚐的樂趣所在：
不嫌麻煩地加上一層乳酸果凍，味道更好！

參考分量
185 cc的容器約 **4** 杯

材料

洛神花果凍

蒟蒻絲	**45** 克
吉利丁片	**3** 片
新鮮洛神花	**60** 克（去籽）
清水	**500** 克
細砂糖	**60** 克
柳橙皮屑	**1** 小匙
香橙酒	**1** 小匙

乳酸果凍

吉利丁片	**2** 又 **1/2** 片
冷開水	**200** 克
細砂糖	**20** 克
柳橙皮屑	**1** 小匙
可爾必思	**50** 克
新鮮葡萄	**175** 克（去皮後）

做 法

1 洛神花果凍：蒟蒻絲放入
鍋中，加水煮至沸騰，再
用小火加熱約 5 分鐘，瀝
出後以冷開水漂涼再瀝乾
備用。

➡ 蒟蒻絲過長，可剪成約2~3
公分的小段，以方便食用。

2 依照 p.56 白酒洛神花果凍的
做法 ①~⑧，將洛神花果凍
液製作完成，並降溫至冷卻。

➡ 冰鎮冷卻後，會呈現稍微濃稠
感，用橡皮刮刀攪動時，會有
輕微的阻力，此時再加入蒟蒻
絲，可避免沉澱。

3 將蒟蒻絲倒入洛神花果凍液內，用橡皮刮刀攪勻。

➡ 也可改用蒟蒻塊，切成小丁狀再加入果凍液內。

4 將洛神花果凍液平均地倒入容器內，約六、七分滿，即可放入冰箱冷藏至凝固。

➡ 倒入容器內的洛神花果凍液，可依個人喜好斟酌分量。

5 乳酸果凍：容器內放入冰開水及冰塊，再將吉利丁片放入冰塊水內浸泡至軟化。

➡ 冰塊水須完全覆蓋吉利丁片，要確實泡軟。

6 冷開水加細砂糖一起放入鍋內，用小火邊加熱邊攪拌，將細砂糖煮至融化即熄火。

➡ 不要煮至沸騰，只要溫度達到約40~50℃，可將吉利丁片融化的溫度即可，請看p.14的說明。

7 接著加入事先刨好的柳橙皮屑，用橡皮刮刀攪勻。

➡ 也可改用檸檬皮屑增加香氣與風味。

8 將做法 ⑤ 泡軟的吉利丁片擠乾水分，再放入鍋內，並用橡皮刮刀攪拌至吉利丁片完全融化。

➡ 攪拌時，須注意鍋邊也要刮到，質地才會均勻細緻。

9 將做法 ⑧ 整個容器放在冰塊水上降溫至冷卻，須適時地用橡皮刮刀攪動一下，好讓果凍液均勻細緻。

➡ 冷卻後再加入可爾必思，可保有天然香氣及風味。

10 再倒入可爾必思，用橡皮刮刀攪勻，即成**乳酸果凍液**。

➡ 攪拌時，須注意容器邊也要刮到，質地才會均勻細緻。

11 將乳酸果凍液過篩後，再平均地倒在已凝固的洛神花果凍上，高度約2~3公分，即可放入冰箱繼續冷藏至凝固。

➡ 洛神花果凍及乳酸果凍的比例可依個人喜好斟酌調整。

12 將去皮的新鮮葡萄鋪在凝固的乳酸果凍表面即完成。

➡ 可改用自己喜歡的新鮮水果代替。

可爾必思
市售的乳酸飲料，為濃縮製品，加水稀釋後即可直接飲用，適合製作慕絲、果凍或冰品等，清爽可口，很有風味。

梅酒橙汁果凍

以柳橙汁調味，梅酒果凍的香甜味更加順口；
你會釀梅酒嗎？試試看用自己家中的梅酒來製作，
應該是不錯的獨家果凍喔！

做　法

1. 容器內放入冰開水及冰塊，再將吉利丁片放入冰塊水內浸泡至軟化。
   ➡ 冰塊水須完全覆蓋吉利丁片，要確實泡軟。

2. 冷開水加細砂糖一起放入鍋內，用小火邊加熱邊攪拌，將細砂糖煮至融化。
   ➡ 不要煮至沸騰，只要將細砂糖煮到融化，接著要加入柳橙汁續煮。

3. 將柳橙汁倒入鍋內，用小火繼續加熱，煮到溫度約40~50℃即熄火。
   ➡ 可將吉利丁片融化的溫度即可，請看p.14的說明。

4. 將做法 ① 泡軟的吉利丁片擠乾水分，再放入鍋內，並用橡皮刮刀攪拌至吉利丁片完全融化。
   ➡ 攪拌時，須注意鍋邊也要刮到，質地才會均勻細緻。

5. 接著加入事先刨好的柳橙皮屑。
   ➡ 也可改用葡萄柚皮屑增加香氣與風味。

6. 最後倒入梅酒，用橡皮刮刀攪勻，即成**梅酒橙汁果凍液**。
   ➡ 梅酒與冷開水的比例，可隨個人口味喜好做適度調整。

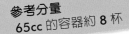
參考分量
65cc 的容器約 **8** 杯

材料

吉利丁片	4 又 1/2 片
冷開水	150 克
細砂糖	35 克
柳橙汁	100 克
柳橙皮屑	1/2 小匙（約 1/2 個柳橙）
梅酒	150 克
梅酒漬梅	2 粒

7 將梅酒橙汁果凍液以篩網過篩。

➡ 藉由過篩動作，可使成品的質地更加均勻細緻。

8 將做法 ⑦ 整個容器放在冰塊水上降溫至冷卻，須適時地用橡皮刮刀攪動一下，好讓果凍液均勻細緻。

➡ 冰鎮冷卻後，會呈現稍微濃稠感，用橡皮刮刀攪動時，會有輕微的阻力即可。

9 將梅酒漬梅切碎，倒入果凍液內，用橡皮刮刀輕輕攪勻。

➡ 當果凍液的邊緣開始凝固但仍呈流動狀態時，放入切碎的漬梅就會自然地漂浮在果凍中。

10 將梅酒橙汁果凍液平均地倒入容器內，約八分滿，接著放入冰箱冷藏至凝固。

➡ 漬梅果肉與果凍液必須平均地倒入容器內。

梅酒

為日本製產品，屬再製酒類（利口酒），酒精含量 15%，內含數顆梅酒漬梅；除直接飲用外，也適合製成清涼果凍。

梅酒凍

如果不以柳橙調味，則可製成單純的「梅酒凍」，材料如下：

參考分量：100c.c.的容器約4杯

材料
吉利丁片　4又1/2片
冷開水　200克
細砂糖　35克
梅酒　200克
梅酒漬梅　2粒

做法

① 依上述做法 ①～② ④ 完成後，接著倒入梅酒，用橡皮刮刀攪勻，即成**梅酒凍液**。

② 將裝有梅酒凍液的整個容器放在冰塊水上降溫至冷卻，須適時地用橡皮刮刀攪動一下，好讓果凍液均勻細緻。

③ 將梅酒凍液平均地倒入容器內，約八分滿，接著放入冰箱冷藏至凝固。

④ 待冷藏中的果凍液快要完全凝固時，即可將半顆的梅酒漬梅放在表面。

➡ 用小刀將漬梅劃出2等分的痕跡，用手旋轉即能剖成2半，再用小刀輕輕地將籽取出。

酒漬櫻桃果凍

除了以梅酒製作果凍外，也可改用罐裝酒漬櫻桃中的櫻桃酒，其風味與香氣各有不同，材料如下，做法與梅酒凍相同。

材料
吉利丁片　4又1/2片
冷開水　250克
細砂糖　35克
酒漬櫻桃酒　150克
酒漬櫻桃　12粒

酒漬櫻桃
去籽的完整櫻桃，浸漬於櫻桃白蘭地內，濃郁酒香，常用於各式烘焙產品；汁液可製成果凍，風味香醇。

百香果椰奶果凍

「椰奶」似乎扮演提味調合功能，
當成是酸甜氣味的百香果配料，提升果凍的好味道。

參考分量
85 cc的容器約 5 杯

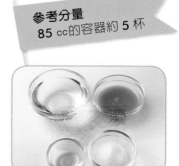

材料

百香果果凍

吉利丁片	2 片
冷開水	150 克
細砂糖	25 克
香橙酒	1 小匙
百香果原汁	50 克（約 5 顆）

椰奶果凍

吉利丁片	1 又 1/2 片
冷開水	75 克
細砂糖	25 克
椰奶	75 克

做 法

1 百香果果凍：容器內放
入冰開水及冰塊，再
將吉利丁片放入冰塊
水內浸泡至軟化。

➡ 冰塊水須完全覆蓋吉利
丁片，要確實泡軟。

2 冷開水加細砂糖一起放入鍋
內，用小火邊加熱邊攪拌，
將細砂糖煮至融化。

➡ 不要煮至沸騰，只要溫度達到
約40~50℃，可將吉利丁片融
化的溫度即可，請看p.14的說
明。

3 接著倒入香橙酒即熄火,用橡皮刮刀攪勻。

➡ 也可改用蘭姆酒增加香氣與風味。

4 將做法 ① 泡軟的吉利丁片擠乾水分,再放入鍋內,並用橡皮刮刀攪拌至吉利丁片完全融化。

➡ 攪拌時,須注意鍋邊也要刮到,質地才會均勻細緻。

5 接著倒入百香果原汁,用橡皮刮刀攪勻後即熄火,即成**百香果果凍液**。

➡ 沾黏在容器上的百香果原汁,也要刮乾淨。

6 將做法 ⑤ 整個容器放在冰塊水上降溫至冷卻,須適時地用橡皮刮刀攪動一下,好讓果凍液均勻細緻。

➡ 冰鎮冷卻後,會呈現稍微濃稠感,用橡皮刮刀攪動時,會有輕微的阻力即可。

7 將百香果果凍液平均地倒入容器內,約六、七分滿,接著放入冰箱冷藏至凝固。

➡ 倒入容器內的百香果凍液,可依個人喜好斟酌分量。

8 椰奶果凍:依照做法 ①~② 將吉利丁片泡軟,細砂糖加冷開水煮至融化,接著倒入椰奶,用橡皮刮刀攪勻,稍微加熱後即熄火。

➡ 沾黏在容器上的椰奶,也要刮乾淨。

9 將做法 ⑧ 泡軟的吉利丁片擠乾水分,再放入鍋內,並用橡皮刮刀攪拌至吉利丁片完全融化,即成**椰奶果凍液**。

➡ 攪拌時,須注意鍋邊也要刮到,質地才會均勻細緻。

10 將做法 ⑨ 整個容器放在冰塊水上降溫至冷卻,須適時地用橡皮刮刀攪動一下,好讓果凍液均勻細緻。

➡ 冰鎮冷卻後,會呈現稍微濃稠感,用橡皮刮刀攪動時,會有輕微的阻力即可。

11 將椰奶果凍液平均地倒入已凝固的百香果果凍上,接著再放入冰箱冷藏至凝固。

➡ 當百香果果凍的表面邊緣已呈凝固狀時,即可倒入椰奶果凍;倒入容器內的百香果果凍液及椰奶果凍液的比例,可依個人喜好斟酌調整。

百香果(passion)
台灣常見的是圓形紫黑色品種,經過後熟階段,百香果的甜度會增高;宜選用飽滿圓滑、有重量感者較好,無論製成果汁飲用或各式糕點,清爽可口,非常受歡迎。

斑蘭椰奶果凍

斑蘭與椰奶，似乎是理所當然的組合，兩種香氣互不掩蓋；
綠白分明中帶點微微的咀嚼感，正是西谷米的妙用！

參考分量
100 cc的容器約 6 杯

材料	
斑蘭果凍	
吉利丁片	4 片
新鮮斑蘭葉	20 克
冷開水	400 克
細砂糖	50 克
椰奶果凍	
西谷米	25 克
吉利丁片	1 又 1/2 片
冷開水	90 克
細砂糖	45 克
椰奶	90 克

做 法

1 斑蘭果凍：容器内放
入冰開水及冰塊，
再將吉利丁片放入
冰塊水内浸泡至軟
化。

➡ 冰塊水須完全覆蓋
吉利丁片，要確實泡
軟。

2 新鮮斑蘭葉洗乾淨後擦乾水分，
加冷開水用料理機（或果汁機）
打碎，再擠出斑蘭汁液，分量
約 390 克，倒入鍋内用小火加
熱。

➡ 可儘量將新鮮斑蘭葉打碎一點，擠
出的汁液較濃；但要注意用量不可
過多，以免口感苦澀。

3 中小火加熱時，須用橡皮刮刀邊攪拌，沸騰後煮約 2 分鐘即熄火，接著加入細砂糖攪至融化。

➡ 加熱後，汁液內的斑蘭葉泥會出現分離現象，待冰鎮後即會融合均勻；將汁液稍微加熱，可去除生澀口感。

4 將做法 ① 泡軟的吉利丁片擠乾水分，再放入鍋內，並用橡皮刮刀攪拌至吉利丁片完全融化，即成**斑蘭果凍液**。

➡ 攪拌時，須注意鍋邊也要刮到，質地才會均勻細緻。

5 將做法 ④ 整個容器放在冰塊水上降溫至冷卻，須適時地用橡皮刮刀攪動一下，好讓果凍液均勻細緻。

➡ 冰鎮冷卻後，會呈現稍微濃稠感，用橡皮刮刀攪動時，會有輕微的阻力即可。

6 將斑蘭果凍液平均地倒入容器內，約六、七分滿，即可放入冰箱冷藏至凝固。

➡ 倒入容器內的斑蘭果凍液，可依個人喜好斟酌的分量。

7 椰奶果凍：將西谷米放入沸騰的熱水中，用小火加熱，須適時地攪動一下，以免沾鍋，直到西谷米呈透明狀即可瀝出。

➡ 西谷米的用量，可依個人喜好做增減。

8 將瀝出的西谷米用大量的冷開水（冰開水更好）漂涼，並瀝乾水分備用。

➡ 西谷米急速降溫漂涼，較不易沾黏。

9 依照 p.63 的百香果椰奶果凍的做法 ⑧~⑨，將椰奶果凍液製作完成，將整個容器放在冰塊水上降溫至冷卻，須適時地用橡皮刮刀攪動一下，好讓果凍液均勻細緻。

➡ 冰鎮冷卻後，會呈現稍微濃稠感，用橡皮刮刀攪動時，會有輕微的阻力，此時再加入西谷米，可避免沉澱。

10 將西谷米倒入椰奶果凍液內，用橡皮刮刀攪勻。

➡ 西谷米冷卻後容易黏成糰狀，須用橡皮刮刀攪散。

11 將椰奶果凍液平均地倒入已凝固的斑蘭果凍上，接著再放入冰箱冷藏至凝固。

➡ 倒入容器內的斑蘭果凍液及椰奶果凍液的比例可依個人喜好斟酌的調整。

斑蘭葉（pandan）

又稱香蘭葉，細長形的葉子，具有天然的芳香，是東南亞一帶常用食材，榨汁後的綠色汁液，如同天然色素，可製成各式料理或糕點；也可在煮飯時添加幾片，煮好的米飯會有一股類似芋頭的香氣效果。

晶冰鮮果凍

這一款非常適合當做餐後甜點，
酸甜中的冰涼感，點到為止的美味，小小一杯即可！

參考分量
55 cc的容器約 **6** 杯

材料
鮮果凍

吉利丁片	2 片
細砂糖	15 克
冷開水	80 克
奇異果（切丁）	65 克
覆盆子果泥	30 克
芒果果泥	30 克
香橙酒	1 小匙

搭配

香橙酒晶冰	適量

（請看 **p.29** 的材料）

做法

1 容器內放入冰開水及
冰塊，再將吉利丁片
放入冰塊水內浸泡至
軟化。

➡ 冰塊水須完全覆蓋吉利
丁片，要確實泡軟。

2 冷開水加細砂糖一起放入鍋
內，用小火邊加熱邊攪拌，
將細砂糖煮至融化。

➡ 不要煮至沸騰，細砂糖融化後
開始放其他材料。

3 將奇異果丁倒入鍋內，繼續用小火加熱，煮到快要沸騰時即熄火。

➡ 將奇異果稍微加熱，可去除酸度及分解酵素，才不會影響凝固效果；奇異果丁也可改用草莓、藍莓、覆盆子等莓類水果。

4 將覆盆子果泥及芒果果泥依序倒入鍋內，用橡皮刮刀攪勻。

➡ 沾黏在容器上的果泥，也要刮乾淨。

5 接著再開小火，繼續加熱約10秒左右即熄火。

➡ 加完果泥後，會稍微降溫，所以必須再加熱，除了可攪勻所有材料外，也較容易融化吉利丁片。

6 將做法①泡軟的吉利丁片擠乾水分，再放入鍋內，並用橡皮刮刀攪拌至吉利丁片完全融化。

➡ 攪拌時，須注意鍋邊也要刮到，質地才會均勻細緻。

7 最後將香橙酒倒入鍋內，即成鮮果凍液。

➡ 也可改用蘭姆酒增加香氣與風味。

8 將做法⑦整個容器放在冰塊水上降溫至冷卻，須適時地用橡皮刮刀攪動一下，好讓果凍液均勻細緻。

➡ 冰鎮冷卻後，會呈現稍微濃稠感，用橡皮刮刀攪動時，會有輕微的阻力即可。

9 將鮮果凍液平均地倒入容器內，約六、七分滿，即可放入冰箱冷藏至凝固。

➡ 倒入容器內的鮮果凍液，可依個人喜好斟酌分量。

10 依 p.29 的做法，事先將**香橙酒晶冰**製作完成，凝固後用湯匙刮鬆，再取適量放入凝固後的鮮果凍上即可。

➡ 要食用時，再填入晶冰，才可品嚐碎冰的口感與風味；有關「晶冰」，請看p.29的說明。

葡萄蒟蒻果凍

將整顆新鮮葡萄連皮帶肉打成果汁，美味與養分兼具，
另外加些軟Q的蒟蒻絲，增添特別有趣的咀嚼感。

參考分量
70 cc的容器約 8 杯

材料

蒟蒻絲	50 克
吉利丁片	4 片
新鮮葡萄	200 克
冷開水	300 克
細砂糖	35 克
香橙酒	1 小匙

做　法

1　蒟蒻絲放入鍋中，加水
煮至沸騰，再用小火加
熱約 5 分鐘，瀝出後以
冷開水漂涼並瀝乾水分，
再切成約 1 公分的長度。
➡ 蒟蒻絲過長，剪成小段以方
便食用。

2　容器內放入冰開水
及冰塊，再將吉利
丁片放入冰塊水內
浸泡至軟化。
➡ 冰塊水須完全覆蓋吉
利丁片，要確實泡軟。

3 將新鮮葡萄洗乾淨瀝乾水分,加冷開水用料理機(或果汁機)打碎,再用細篩網濾出果汁。

➡ 葡萄打得越碎,濾出的果汁味道越重,色澤也越深。

4 濾出果汁後,須用湯匙將篩網上的果渣儘量壓一壓,才不會造成過多損耗,得到的果汁重量約有470克。

➡ 應分次濾汁,每次濾過的果渣須倒掉,再繼續濾汁;瀝出的果汁約470克,不足的量可加些冷開水補足。

5 取做法 ④ 的葡萄果汁約 150 克,加細砂糖一起放入鍋內,用小火邊加熱邊攪拌,將細砂糖煮至融化。

➡ 不要煮至沸騰,只要將細砂糖煮到融化,溫度達到約40~50℃,可將吉利丁片融化的溫度即可,請看p.14的說明。

6 將香橙酒倒入鍋內,用橡皮刮刀攪勻。

➡ 可改用蘭姆酒增加香氣與風味。

7 將做法 ② 泡軟的吉利丁片擠乾水分,再放入鍋內,並用橡皮刮刀攪至吉利丁片完全融化。

➡ 須注意鍋邊也要刮到,質地才會均勻細緻。

8 最後將剩餘的果汁倒入鍋內,用橡皮刮刀攪勻,即成**葡萄果凍液**。

➡ 剩餘的果汁熄火後再倒入,較能保有葡萄的香甜風味。

9 將做法 ⑧ 整個容器放在冰塊水上降溫至冷卻,須適時地用橡皮刮刀攪動一下,好讓果凍液均勻細緻。

➡ 冰鎮冷卻後,會呈現稍微濃稠感,用橡皮刮刀攪動時,會有輕微的阻力,即可倒入蒟蒻絲。

10 將蒟蒻絲倒入葡萄果凍液內,用橡皮刮刀攪勻。

➡ 也可改用蒟蒻塊,切成小丁狀加入果凍液內。

11 將葡萄果凍液平均地倒入容器內,約八分滿,即可放入冰箱冷藏至凝固。

➡ 倒入容器內的果凍液,可依個人喜好斟酌分量。

綜合鮮果杯

果凍中含有滿滿的各式水果，每一口都是鮮甜多汁的清爽滋味；
將果凍與水果結合，永遠討人喜歡喔！

參考分量
180 cc的容器約 4 杯

材料

吉利丁片	3 片
冷開水	300 克
細砂糖	30 克
香橙酒	1 小匙
柳橙皮屑	1 小匙
檸檬皮屑	1 小匙
薄荷葉	5 克
新鮮草莓、藍莓、葡萄、柳橙及	
哈蜜瓜	各 80 克

做 法

1　容器內放入冰開水及冰塊，再將吉利丁片放入冰塊水內浸泡至軟化。

➥ 冰塊水須完全覆蓋吉利丁片，要確實泡軟。

2　冷開水加細砂糖一起放入鍋內，用小火邊加熱邊攪拌，將細砂糖煮至融化即熄火。

➥ 不要煮至沸騰，只要將細砂糖煮到融化，溫度達到約40~50℃，可將吉利丁片融化的溫度即可，請看p.14的說明。

③ 將香橙酒倒入鍋內，用橡皮刮刀攪勻。

➥ 可改用蘭姆酒增加香氣與風味。

④ 將做法 ① 泡軟的吉利丁片擠乾水分，再放入鍋內，並用橡皮刮刀攪至吉利丁片完全融化。

➥ 須注意鍋邊也要刮到，質地才會均勻細緻。

⑤ 接著將事先刨好的柳橙皮屑、檸檬皮屑及薄荷葉分別倒入鍋內，浸泡約 1 分鐘。

➥ 柳橙皮屑、檸檬皮屑及薄荷葉浸泡在有溫度的液體中，短暫時間內即會釋放香氣，注意不要浸泡過久，以免味道苦澀。

⑥ 將做法 ⑤ 的液體以細篩網過篩，即成**果凍液**。

➥ 儘量用細篩網過篩，才能濾掉柳橙皮屑及檸檬皮屑，成品口感才會好。

⑦ 將做法 ⑥ 整個容器放在冰塊水上降溫至冷卻，須適時地用橡皮刮刀攪動一下，好讓果凍液均勻細緻。

➥ 冰鎮冷卻後，會呈現稍微濃稠感，用橡皮刮刀攪動時，會有輕微的阻力即可。

⑧ 將新鮮草莓、藍莓、葡萄、柳橙及哈蜜瓜填滿至杯內。

➥ 杯內的水果種類，可依個人喜好做不同變換並斟酌分量。

⑨ 再倒入果凍液約八分滿，即可放入冰箱冷藏至凝固。

➥ 倒入容器內的果凍液，可依個人喜好斟酌分量。

紅石榴果凍佐氣泡白葡萄酒

利用紅石榴天然的艷紅製成果凍，晶瑩剔透的模樣，擄獲視覺焦點，直接品嚐絕對是舒爽順口；而換個方式呢？就是隨興地與任何氣泡飲料搭配食用，歡樂感油然而生喔！

參考分量
110 cc的容器約 5 杯

材料

吉利丁片	3又1/2 片
紅石榴純汁	200 克
細砂糖	30 克
香橙酒	1 小匙
檸檬皮屑	1/2 小匙
氣泡白葡萄酒	1 瓶

做法

1 容器內放入冰開水及冰塊，再將吉利丁片放入冰塊水內浸泡至軟化。

➡ 冰塊水須完全覆蓋吉利丁片，要確實泡軟。

2 將紅石榴純汁及細砂糖一起倒入鍋內。

➡ 是以新鮮的紅石榴榨汁製作，成品非常清爽可口，請看p.73的「紅石榴的榨汁方式」。

3 接著開小火邊加熱邊攪拌，將細砂糖煮至融化即熄火。

➡ 不要煮至沸騰，只要溫度達到約40~50℃，可將吉利丁片融化的溫度即可，請看p.14的說明。

4 將香橙酒倒入鍋內，用橡皮刮刀攪拌均勻。

➡ 可改用蘭姆酒增加香氣與風味。

5 將做法 ① 泡軟的吉利丁片擠乾水分，再放入鍋內，並用橡皮刮刀攪拌至吉利丁片完全融化。

➡ 攪拌時，須注意鍋邊也要刮到，質地才會均勻細緻。

6 加入事先刨好的檸檬皮屑，用橡皮刮刀攪勻，即成**紅石榴果凍液**。

➡ 也可改用柳橙皮屑增加香氣與風味。

7 將做法 ⑥ 整個容器放在冰塊水上降溫至冷卻，須適時地用橡皮刮刀攪動一下，好讓果凍液均勻細緻。

➡ 冰鎮冷卻後，會呈現稍微濃稠感，用橡皮刮刀攪動時，會有輕微的阻力即可。

8 將做法 ⑦ 的紅石榴果凍液過篩至容器（長 19×寬 14 公分）內，即可放入冰箱冷藏至凝固。

➡ 可利用個人方便取得的容器盛裝果凍液。藉由過篩動作，濾掉檸檬皮屑，可使成品的質地更加均勻細緻。

9 待做法 ⑧ 的果凍液確實凝固後，即利用叉子在果凍表面來回劃成不規則形狀。

➡ 可依個人喜好，將果凍切成丁狀、細條狀或任何形狀均可。

10 用湯匙取適量做法 ⑨ 的碎果凍，倒入玻璃杯內。

➡ 因為要搭配氣泡飲料，建議最好利用外形較長的玻璃杯。

11 要品嚐前，再倒入氣泡白葡萄酒即可。

➡ 除了氣泡白葡萄酒之外，也可依個人喜好，改用透明的汽水、氣泡礦泉水或其他氣泡飲料，都非常適合。

紅石榴的榨汁方式

紅石榴（pomegranate）屬漿果類水果，呈圓球形，內部由薄膜包著紅色粒狀果實，汁液非常多，酸澀中帶有香甜味；含豐富的維生素C，並具有抗氧化功效。

取籽榨汁方式如下：

取籽方式一：將整顆紅石榴對剖，再用手沿著白色薄膜掰成瓣狀，就很容易取出一粒粒的紅果實。

取籽方式二：將整顆紅石榴對剖，再用手掌用力擠出汁液，當紅石榴組織變鬆散後，再用手剝開，取出一粒粒的紅果實。

榨汁方式：果實取出後，再倒入料理機內，以慢速攪打，即能將果實的水分打出來，注意千萬別用快速過度攪打，以免將硬籽打碎而影響口感。

濾汁：榨汁後的殘渣及硬籽很容易與果汁分離，因此只要用一般篩網即可濾出清澈的果汁。

布丁

　　簡單來說，「布丁」就是利用雞蛋加熱將液體（鮮奶）凝固而成的甜點，其中再加些砂糖藉以提升風味及可口度，利用這些家庭常備材料，不用花費太多時間及技巧，即能快速上手完成，因此布丁堪稱是最具親和力的營養甜點。

　　從最基本的「雞蛋布丁」開始，可以將其中部分的鮮奶改用鮮奶油代替，並額外加些蛋黃，來增添濃郁度；此外也可利用不同的素材、液體或鮮果製成「加味布丁」，還有最為人津津樂道的「焦糖醬汁」，更是布丁不可或缺的秘密武器，不僅如此，書上所列舉的各式水果醬汁，也都非常適合當作布丁的搭配淋醬一起食用。

蒸烤式布丁 V.S.冷藏式布丁

　　將雞蛋及鮮奶混合加熱成固態，最普遍的方式，就是利用烤箱以蒸烤方式來製作，因此，雞蛋就是蒸烤式布丁的「凝固劑」，經過加熱後形成膠體而讓液體固化；除了蒸烤之外，也可將同樣的布丁液利用蒸鍋的蒸氣來完成，以上二種方式，都是以熱能製成所謂的「熟布丁」（如p.82卡士達布丁）。

　　此外，也可利用各式膠體（例如：吉利丁、寒天或洋菜粉等）將液體（布丁液）冷藏至凝固，即所謂的「生布丁」（如p.104焦糖蘋果香橙布丁）。

　　無論用烤箱蒸烤（或蒸鍋），還是以冷藏方式製作布丁，程序都非常單純，成品也都非常細滑爽口；但要注意的是，蒸烤式布丁製作完成後，再度加熱也不會融化，而冷藏式布丁遇熱則會化水。

蒸烤式布丁的製作

製作原則　煮鮮奶＋蛋液

製作流程

攪散蛋液→煮鮮奶→混合成布丁液→過篩→布丁液倒入容器內→蒸烤

冷藏式布丁的製作

製作原則　煮英式奶醬（＋軟化的吉利丁片）＋各式液體

製作流程

浸泡吉利丁片→煮英式奶醬→加吉利丁片→加各式液體（鮮奶油或各式果汁）→混合成布丁液→布丁液倒入容器內→冷藏至凝固

布丁的成分

　　雞蛋、細砂糖及鮮奶（及鮮奶油）是購成布丁的主要成分，而這些都是極易取得的基本素材，製作布丁前，首先瞭解一下相關的問題，有助於提升布丁的品質。

雞蛋

　　製作蒸烤式布丁，一般都會使用全蛋（蛋白＋蛋黃），當然也能單獨使用蛋白（如p.114「豆腐布丁」）或單獨使用蛋黃（如p.94蛋殼軟布丁）；除了全蛋製作之外，還會額外多加些蛋黃，以增添口感的濃郁度。

由於蛋白及蛋黃的成分不同，其受熱凝固的時間及狀態也有差異；相較於蛋黃，蛋白含水量高，形成凝膠狀的速度較慢，總之，一顆雞蛋的不同應用，可以呈現不同的口感及濃郁度。

另外必須注意雞蛋品種及大小的問題，毫無疑問，一定要選用新鮮優質的雞蛋，才能做出好品質的布丁；就如同製作果凍相同的概念，雞蛋與鮮奶之間的比例，是影響布丁軟硬度的因素，因此，可依個人喜好的口感，來增減蛋量，或調整液體（鮮奶及果汁等）的分量。

書中的布丁食譜，幾乎都以**蛋的淨重（克）**來標示，但製作布丁所需的蛋液，可以容許蛋量的數克差異，因此會列出大約需要的用量；以下是不同大小的雞蛋**大約的淨重**，讀者們在準備雞蛋用量時，可參考選用。

例如：

　　全蛋 50克→表示1顆小的雞蛋…蛋黃約16克…蛋白約34克

　　全蛋 55克→表示1顆中的雞蛋…蛋黃約18克…蛋白約37克

　　全蛋 60克→表示1顆大的雞蛋…蛋黃約20克…蛋白約40克

細砂糖

布丁需要適當的甜味，才能提升風味及可口度，而細砂糖就是最常使用的糖類；利用細砂糖的「原味」，將各式口味的布丁呈現應有的風貌，當然有時候也會配合食譜其他的材料，而改換成帶有香氣的黃砂糖（二砂糖）或黑糖，以凸顯特有的口感及圓潤度（如p.100「卡魯哇咖啡布丁」、p.112「甜蜜焦香布丁」及p.118「黑糖煉奶布丁」）。

除了當做甜味來源之外，細砂糖在布丁內也扮演柔性物質的角色，當糖量越多時，其特有的保水性，即會影響布丁液內的蛋白質凝固，往往要提高蒸烤溫度，才能將布丁烤熟，因此布丁的糖量越多時，口感也較柔潤。

鮮奶、動物性鮮奶油

食譜上指的「鮮奶」，即一般超市或大賣場冷藏櫃內的瓶裝鮮奶（牛奶），製作布丁時，最好選用含乳脂肪的鮮奶（即全脂鮮奶），成品口感較具有濃郁滑潤度；不僅如此，為了加強布丁更豐厚滑潤的風味，還會另加入比鮮奶的乳脂肪更高的鮮奶油（即動物性鮮奶油，U.H.T whipping cream）；在書中的各式布丁食譜中，幾乎都會加上分量不等的動物性鮮奶油，好讓布丁更加美味可口。

當動物性鮮奶油加得越多，也會影響布丁液的凝固力，因此成品質地就會越軟潤（如p.84「超濃柔滑布丁」）。

坊間一般所售的動物性鮮奶油，乳脂肪含量約35%，即適合用來製作布丁（及奶酪、慕絲、巴巴露等），其天然的乳化性及化口性，會增添成品的可口度，因此以人工添加香料及安定劑所製成的植物性鮮奶油，是無法替代的。

注意動物性鮮奶油加熱時，溫度不要過高，也不要煮至沸騰，以免將鮮奶油內的乳脂肪分離，而影響成品的製作。

布丁的美味關鍵——香草莢

香草莢（Vanilla）是製作奶製品不可或缺的調味聖品，舉凡雞蛋及鮮奶製成的原味布丁、奶酪、慕絲及巴巴露，或是以鮮奶為主料的冰淇淋及英式奶醬等，都需藉由香草莢自然的甘甜香氣，讓成品加分。

香草莢原本是綠色的長相，經過乾燥後才成黝黑光澤狀，並散發特有的香氣，其長度越長、外觀越飽滿，代表品質越好；一般香草莢的長度約18~22公分，依書中的食譜量，約使用1/3~1/2根即足夠，保存時應避免香草莢變乾硬，才不會影響原有的香氣，因此必須緊密包好，在室溫下存放即可。

香草莢使用方式

用小刀（或剪刀）將香草莢縱向切開，再用刀尖從香草莢頂端慢慢刮到底，即能將內部的香草籽刮出，再將香草籽連同香草莢外皮一起放入鮮奶內加熱；因為香草莢外皮經加熱後，也會釋放香氣，因此必須多加利用，待最後加熱完成後，再將香草莢外皮從鍋中取出，丟棄前可利用橡皮刮刀將香草莢外皮上殘留的汁液儘量壓出，以避免損耗。

布丁的好搭檔——焦糖液

所謂「焦糖液」（caramel）就是將細砂糖加熱融化，顏色會從透明色漸漸變深，煮至約170~180℃的高溫時，即焦化成深褐色的熱糖漿，具有獨特的微苦香氣，用來搭配奶製品的各式布丁、奶酪或慕絲，特別提香增味。

當然應用於布丁的搭配上，不單只有焦糖液能當作「配料」而已，事實上，當布丁製作完成後，仍可利用水果醬汁（請參考p.18~20）搭著食用，絕對能品嚐出更有層次的好味道。

「焦糖液」的基本材料

細砂糖	75克
水	25克
熱水	25克

做法

1. 細砂糖及水一起放入鍋內，用小火加熱。

◆煮焦糖時，未必需要加水，但細砂糖與水一起加熱，較能受熱均勻，加熱時不可用大火，以免溫度過高快速將水分煮乾。

2. 持續加熱後，細砂糖漸漸融化，成為沸騰的糖漿。

◆加熱過程中，須適時地輕輕搖晃鍋子，使糖水受熱均勻；但不可攪拌，以免拌入空氣，會讓糖水結晶，如有沾黏在鍋邊的糖粒，可用沾水的小刷子刷下來。

3. 接著沸騰的糖漿會從鍋邊開始漸漸上色。

◆糖漿出現色澤時，表示快要接近完成階段。

4. 接著糖漿上色的範圍越來越大，表面佈滿的泡沫越來越密集。

◆此時還是需要適時地輕輕搖晃鍋子，使糖水上色均勻；煮焦糖時不要使用黃砂糖，以免在加熱過程中，不易判斷上色狀況。

5. 當糖漿的顏色由金黃色變成咖啡色的滾沸狀時，即成焦糖液，此時準備熄火。

◆此時的焦糖液溫度約達170℃左右，千萬不可用手任意碰觸，以免燙傷；另外注意，較厚的鍋具或製作較多分量時，其聚溫性較好，因此必須適時地提前熄火，因為熄火後，焦糖液仍會持續受熱，同時顏色也會再加深；確實掌握焦糖液的上色狀況，焦化不夠或過度，都無法呈現焦糖液應有的香氣。

6. 熄火後，待焦糖液稍微穩定時，再分次慢慢倒入熱水。

◆剛剛熄火後，焦糖液溫度仍很高，須等到滾沸的泡沫穩定時，才能加入熱水。

7. 接著慢慢倒入熱水，注意不要邊倒邊攪，應分次倒入，以免沸騰濺出。

◆倒入熱水時，鍋內的焦糖液又會再度滾沸，因此必須等到熱水加完後，才能用耐熱橡皮刮刀攪動。

8. 倒完熱水並攪拌均勻後，即成**流質狀的焦糖液**。

◆當做法⑤的糖漿煮成焦化時，就是「焦糖液」了，但焦糖液內又另加熱水（做法⑦），則會讓焦糖液不會變硬，待冷卻後，即成不會流動的軟質焦糖液。但必須注意，當流質狀的焦糖液煮好後，要趁熱倒入耐烤容器內，否則一旦降溫後，流性減弱，即無法順利倒入容器內了。

焦糖液應用

　　上述做法⑧流質狀的焦糖液製作完成後，即可倒入耐烤容器內，並注入各式口味的布丁液，蒸烤成不同口味的焦糖布丁；相較於未加熱水的焦糖液（上述做法⑤），利用流質狀的焦糖液（上述做法⑧），更能讓焦糖布丁在蒸烤時，容易將容器底部的焦糖融為液態。

太妃醬

如將p.78做法⑦的熱水改成熱動物性鮮奶油（或含鮮奶，2種用量依食譜所需），即成有奶味的軟質焦糖，即是太妃醬（toffee）。

做法

1. 首先將裝有動物性鮮奶油的容器，放在熱水中隔水加熱，並持續放在熱水上保持溫度。

2. 同p.78做法①~⑥，待焦糖液稍微穩定時，再分次慢慢倒入做法①保溫中的動物性鮮奶油。

3. 倒完動物性鮮奶油後，用木匙或耐熱橡皮刮刀慢慢攪勻，即成太妃醬。

◆注意要製作太妃醬時，在煮焦糖液之前，就須將動物性鮮奶油做加熱動作；注意熱水加熱時不要沸騰，當動物性鮮奶油加熱後，再倒入焦糖液內，才能避免溫差過大而讓焦糖液結粒。

◆同樣地，倒入動物性鮮奶油時，鍋內的焦糖液又會再度滾沸，因此必須等到動物性鮮奶油加完後，才能用耐熱橡皮刮刀攪動。

◆沾黏在容器上的動物性鮮奶油，也要刮乾淨，以免損耗；攪拌鍋內的太妃醬時，注意鍋邊也要刮到，質地才會均勻細緻，如有尚未融化的細糖粒，也須趁熱繼續攪融。

製作布丁液的注意事項

無論蒸烤式布丁，還是冷藏式布丁，雖以不同的做法進行（請看p.75的「製作流程」），但終歸就是將所有材料以該有的混合加熱方式，完成一份原味或加味的「**布丁液**」；在簡單的製程中，注意一下小細節，更能確保布丁的品質。

蒸烤式布丁

◆當全蛋（或還加蛋黃）混合在同一個容器內，用攪拌器攪散時，不要用力過度攪拌，以免出現過多泡沫，最好以順時針及逆時針交錯攪拌。

◆任何口味的布丁液在倒入容器內之前，都必須用篩網過篩，除了可使布丁液的質地更加細緻之外，如有添加的材料（如p.87「焦糖南瓜布丁」的做法⑪）也會一併過篩，這樣才有助於布丁成品的細緻度。

冷藏式布丁

◆確實做好「英式奶醬」（請看p.200的做法），當蛋液與鮮奶在鍋內混合加熱時，務必全程用耐熱橡皮刮刀不停地攪動，以免蛋液在停滯時，會過度受熱而結粒；注意攪拌時煮鍋邊緣也要刮到，蛋奶混合液的質地才會均勻細緻。

◆與蒸烤式布丁相同，任何口味的布丁液都必須過篩。

◆如同「果凍」的製作原則，除了事先必須將吉利丁片確實軟化（如p.13如何將「吉利丁片」泡軟？）外，在布丁液要分裝倒入容器內之前，都必須冰鎮冷卻（如p.35「果凍液」製作完成後，為何要隔冰塊水冷卻？）。

布丁的蒸烤重點

　　當布丁液製作完成後，接下來就須以「蒸烤」方式熟製，利用半蒸半烤的熱能，讓布丁液溫和地受熱凝固；因此最後的蒸烤過程不能疏忽，才能完成美味的布丁。

◆布丁液分裝倒入耐熱容器內時，儘量將分量均分，容量不要差距過大，以免受熱凝固速度不同。

◆裝布丁液的容器要放入烤盤內時，事先必須準備熱水（不需滾水，約60~70℃即可），注入烤盤內的熱水量高度至少約達容器的1公分左右，水量須足夠，才能蒸烤出細緻的成品。

◆裝布丁液的容器最好用裁好的鋁箔紙封口蓋好（但不需刻意地封緊），可避免布丁液直接接觸熱氣，蒸烤後的成品表面較為細緻；但表面蓋住後，布丁表面的上色效果會較淺，如需表現成品色澤時，可在最後的蒸烤階段，移出鋁箔紙（如p.86「焦糖南瓜布丁」、p.90「蛋白布丁」等）。

◆在煮布丁液時，就必須提前將烤箱以上、下火160℃預熱，烤到布丁液熟透即可。

烤熟的時間長短，跟什麼有關？

布丁烤熟的時間長短，是根據「容器的不同材質、厚度及布丁液的容量」而有不同，越厚的陶瓷器皿、容量越多的布丁液，烤熟的時間會越久（如p.116「豆漿花生醬鹹布丁」），而陶瓷器皿雖厚，但容量卻不多，蒸烤時間即會縮短（如p.102「巧克力布丁」）；因此，書上的蒸烤時間都是僅供參考，讀者們須依據當時所使用的容器及容量，多多觀察布丁的烤熟狀況（請看p.81「如何判斷布丁蒸烤完成？」）。

◆在蒸烤過程中，如布丁表面會先隆起，而內部尚未熟透，表示烤箱溫度過高，成品出爐後即會收縮，因此必須特別留意布丁的蒸烤狀況。

如何判斷布丁蒸烤完成？

　　不同的烤箱性能加上前面提到的容器材質及容量等諸多因素，都跟布丁烤熟的時間長短有關，因此製作布丁時，絕不能完全依照書上的蒸烤溫度及時間，而必須確實做到觀察的工作並掌握判斷方式。

◆因布丁的屬性與一般蛋糕截然不同，其細滑的質地原本就不易沾黏，因此不建議用細竹籤或小刀插入布丁內檢視是否沾黏，來確定出爐的時機。

◆當布丁液烤到一段時間後（約20~25分鐘），可試著掀開鋁箔紙，看看布丁液的凝固狀態；如此動作，也可讓自己知道布丁液的凝固速度，同時也可拿捏續烤的時間長短。

◆用手輕輕地晃動容器，當布丁表面中心處，會呈現輕微晃動時，即可準備出爐（烤箱），然後最後利用布丁本身的餘溫，還會達到「後熟」的效果，最後的成品質地即會恰到好處。

「過」與「不及」都不好

　　如布丁尚未烤熟時，也會影響品嚐的口感，除非因布丁的需求特性，希望達到糊狀的軟嫩特性（如p.110「太妃蘭姆葡萄軟布丁」）則是例外；反之，如果蒸烤過度時，即失去布丁應有的細滑度，因此必須注意以下狀況：

◆布丁蒸烤完成後，表面出現皺紋或出現裂紋，同時觸感特別有彈性時，表示蒸烤過度。

◆用手指輕輕碰觸布丁表面中心處，仍會沾黏時，表示布丁尚未烤熟。

如有以上情形時，都必須留意烤箱溫度及蒸烤時間，以便改進。

卡士達布丁

卡士達（Custard）意指蛋、奶做成的醬汁，因此將卡士達布丁視為雞蛋牛奶布丁的基本款；由此延伸，可製成不同口感與風味的各式布丁。

參考分量
105 cc的容器約 6 杯

材料

焦糖液

細砂糖	75 克
水	25 克
熱水	25 克

布丁液

全蛋	150~160 克
蛋黃	16~18 克
鮮奶	350 克
細砂糖	50 克
香草莢	1/2 根

做 法

1 焦糖液：依 p.78 的做法，將焦糖液製作完成。

➡ 焦糖液製作完成後，手握鍋柄輕輕地旋轉搖晃，使焦糖液質地均勻，同時有助於降溫。

2 待焦糖液的滾沸泡沫稍微穩定後，再趁熱倒入耐烤容器內備用。

➡ 將焦糖液平均地倒入容器內，高度約0.3公分，以能覆蓋整個容器底部為原則。

3 布丁液：將全蛋及蛋黃分別倒入同一個容器內。

➡ 注意容器不可過小，以方便拌合動作。

4 用攪拌器輕輕地將全蛋及蛋黃攪拌成均勻的蛋液備用。

➡ 不要用力過度攪拌，以免出現過多泡沫，最好以順時針及逆時針交錯攪拌。

5 將鮮奶倒入鍋內，接著將細砂糖也倒入鍋內。

➡ 最好使用全脂鮮奶製作，風味較佳。

6 將香草莢用小刀剖開，取出香草莢內的黑籽。

➡ 有關香草莢的使用，請看p.77的說明。

7 用小刀刮出香草籽，連同香草莢外皮，一起放入鍋內加熱。

➡ 香草莢外皮經加熱後，也會釋放香氣，因此必須多加利用。

8 接著開小火加熱，並用耐熱橡皮刮刀攪動，當細砂糖融化後即熄火。

➡ 邊加熱邊用橡皮刮刀攪動，除了可加速融化細砂糖外，也有利於鮮奶受熱均勻；加熱至約70℃左右即可，不可將鮮奶煮沸，以免乳脂肪分離。

9 將做法 ⑧ 的整鍋熱鮮奶慢慢地沖入做法 ④ 的蛋液內，並用攪拌器配合攪拌動作，即成**布丁液**。

➡ 沖入熱鮮奶時，必須邊倒邊攪，以免將蛋液燙熟結粒，影響成品口感。

10 將布丁液用篩網過篩，並取出香草莢外皮。

➡ 藉由過篩動作，可使布丁液的質地更加勻細緻。

11 將布丁液平均地倒入做法 ② 的焦糖液上，約八、九分滿。

➡ 倒入容器內的布丁液，分量儘量平均，蒸烤至熟的時間才能一致。

12 用鋁箔紙蓋在每個容器上，將容器放在烤盤上。

➡ 請看p.80「布丁的蒸烤重點」。

13 接著將熱水注入烤盤內，高度約 1 公分左右。

➡ 注入的熱水需完全覆蓋烤盤，水量不可過少，以免影響成品的蒸烤效果，請看p.80的說明。

14 烤箱預熱後，以上、下火約 160℃蒸烤約 40~50 分鐘至布丁熟透。

➡ 有關「布丁的蒸烤重點」及「如何判斷布丁蒸烤完成」，請看p.80~81的說明。

超濃柔滑布丁

 參見 **DVD** 示範

這款布丁的質地完全異於一般布丁的固態狀，主因是蛋液用量較少，動物性鮮奶油用量較多，因此不如一般布丁的挺立紮實感，而是呈現濃郁的軟嫩糊狀，即日文所謂的「とろとろ布丁」（音：torotoro布丁），入口即化的香濃口感，讓人驚艷不已！

做法

1. 焦糖液：依 p.78 的做法，將焦糖液製作完成。
   ➡ 焦糖液製作完成後，手握鍋柄輕輕地旋轉搖晃，使焦糖液質地均勻，同時有助於降溫。

2. 待焦糖液的滾沸泡沫稍微穩定後，再趁熱倒入耐烤容器內備用。
   ➡ 將焦糖液平均地倒入容器內，高度約0.3公分，以能覆蓋整個容器底部為原則。

3. 布丁液：將全蛋及蛋黃分別倒入同一個容器內。
   ➡ 注意容器不可過小，以方便拌合動作。

4. 用攪拌器輕輕地將全蛋及蛋黃攪拌成均勻的蛋液備用。
   ➡ 不要用力過度攪拌，以免出現過多泡沫，最好以順時針及逆時針交錯攪拌。

5. 將鮮奶及動物性鮮奶油分別倒入同一個鍋內，接著將細砂糖也倒入鍋內。
   ➡ 最好使用全脂鮮奶製作，風味較佳；沾黏在容器上的動物性鮮奶油，須儘量刮乾淨。

6. 將香草莢用小刀剖開，取出香草莢內的黑籽，連同香草莢外皮，一起放入鍋內加熱。
   ➡ 有關香草莢的使用，請看p.77的說明。

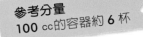

參考分量
100 cc的容器約 6 杯

材料

焦糖液
細砂糖	75 克
水	25 克
熱水	25 克

布丁液
全蛋	50~55 克
蛋黃	32~36 克
鮮奶	180 克
動物性鮮奶油	250 克
細砂糖	50 克
香草莢	1/2 根

7 接著開小火加熱，並用耐熱橡皮刮刀攪動，當細砂糖融化後即熄火。

➡ 邊加熱邊用橡皮刮刀攪動，除了可加速融化細砂糖外，也有利於鮮奶及動物性鮮奶油混合受熱均勻；加熱至約70℃左右即可，不可煮沸，以免乳脂肪分離。

8 將做法⑦的整鍋熱鮮奶慢慢地沖入做法④的蛋液內，並用攪拌器配合攪拌動作，即成**布丁液**。

➡ 沖入熱鮮奶時，必須邊倒邊攪，以免將蛋液燙熟結粒，影響成品口感。

9 將布丁液用篩網過篩，並取出香草莢外皮。

➡ 藉由過篩動作，可使布丁液的質地更加均勻細緻。

10 將布丁液平均地倒入做法②的焦糖液上，約八分滿。

➡ 倒入容器內的布丁液，分量儘量平均，蒸烤至熟的時間才能一致。

11 用鋁箔紙蓋在每個容器上，將容器放在烤盤上；接著將熱水注入烤盤內，高度約1公分左右。

➡ 請看p.80的「布丁的蒸烤重點」。

12 烤箱預熱後，以上、下火約160℃蒸烤約30~40分鐘至布丁熟透。

➡ 有關「布丁的蒸烤重點」及「如何判斷布丁蒸烤完成？」，請看p.81的說明。

烤布雷

如布丁底部沒有加焦糖液，而是事後再將布丁表面撒上細砂糖，用瓦斯噴槍將細砂糖炙烤焦化，形成爽脆香甜的口感，即是法式的烤布雷（Crème Brûlée）；用料與p.84的「超濃柔滑布丁」大同小異，但兩者的品嚐口感卻大異其趣。

參考分量：70 c.c. 的容器約 5 杯

材料
布丁液

全蛋 50克～55克
蛋黃 50克～55克
鮮奶 150克
動物性鮮奶油 100克
細砂糖 35克
香草莢 1/2 根
細砂糖 10克

做法

① 依「超濃柔滑布丁」做法③~⑨，將布丁液製作完成，平均地倒入耐烤容器內。

② 依上述做法⑪~⑫蒸烤約25~30分鐘，至布丁烤熟。

➡ 有關「布丁的蒸烤重點」及「如何判斷布丁蒸烤完成？」，請看p.81的說明。

③ 布丁冷卻並冷藏後，再將細砂糖均勻地撒在布丁表面，並用瓦斯噴槍加熱，將細砂糖炙烤融化，呈金黃色糖片即可。

➡ 須將細砂糖烤成金黃色並具脆度的糖片，即能呈現烤布雷外脆內嫩的口感。

焦糖南瓜布丁

南瓜泥的綿細質地，是蔬果中較適合做布丁的根莖類植物之一，其天然的金黃色澤與甜味，展現布丁口味的多變特性。

參考分量
125 cc的容器約 5 杯

材料

焦糖液	
細砂糖	75 克
水	25 克
熱水	25 克
布丁液	
全蛋	100~110 克
蛋黃	16~18 克
南瓜泥	120 克
鮮奶	200 克
動物性鮮奶油	100 克
細砂糖	40 克
香草莢	1/2 根
蘭姆酒	15 克

做法

1 焦糖液：依 p.87 的做法，將焦糖液製作完成。

➡ 焦糖液製作完成後，手握鍋柄輕輕地旋轉搖晃，使焦糖液質地均勻，同時有助於降溫。

2 待焦糖液的滾沸泡沫稍微穩定後，再趁熱倒入耐烤容器內備用。

➡ 將焦糖液平均地倒入容器內，高度約0.3公分，以能覆蓋整個容器底部為原則。

3 布丁液：將全蛋及蛋黃分別倒入同一個容器內。

➡ 注意容器不可過小，以方便拌合動作。

4 用攪拌器輕輕地將全蛋及蛋黃攪拌成均勻的蛋液。

➡ 不要用力過度攪拌，以免出現過多泡沫，最好以順時針及逆時針交錯攪拌。

5 將南瓜泥倒入蛋液內，用攪拌器攪勻，成為南瓜蛋液備用。

➡ 南瓜去皮切成小塊再蒸熟，趁熱用叉子壓成細緻的泥狀；與蛋液混合時，用攪拌器以順時針及逆時針交錯攪拌，就很容易攪勻。

6 將鮮奶及動物性鮮奶油分別倒入同一個鍋內，接著將細砂糖也倒入鍋內。

➡ 最好使用全脂鮮奶製作，風味較佳；沾黏在容器上的動物性鮮奶油，須儘量刮乾淨。

7 將香草莢用小刀剖開，取出香草莢內的黑籽，連同香草莢外皮，一起放入鍋內加熱。

➡ 有關香草莢的使用，請看p.77的說明。

8 接著開小火加熱，並用耐熱橡皮刮刀攪動，當細砂糖融化後即熄火。

➡ 邊加熱邊用橡皮刮刀攪動，除了可加速融化細砂糖外，也有利於鮮奶及動物性鮮奶油混合受熱均勻；加熱至約70℃左右即可，不可將鮮奶煮沸，以免乳脂肪分離。

9 將做法 ⑧ 的整鍋熱鮮奶慢慢地沖入做法 ⑤ 的南瓜蛋液內，並用攪拌器配合攪拌動作。

➡ 沖入熱鮮奶時，必須邊倒邊攪，以免將蛋液燙熟結粒，影響成品口感。

10 將蘭姆酒倒入做法 ⑨ 的液體內，攪拌均勻，即成**南瓜布丁液**。

➡ 南瓜布丁液內，添加適量的蘭姆酒，可提升風味；也可改用香橙酒代替。

11 將布丁液用篩網過篩。

➡ 藉由過篩動作，可使布丁液的質地更加均勻細緻。

12 過篩時，須用橡皮刮刀將篩網上的南瓜泥儘量壓過篩網，才不會造成過多損耗。

➡ 過篩後，較粗的南瓜纖維及香草莢外皮即丟棄不使用。

13 過篩後的南瓜泥，會附著在篩網底部，也要刮乾淨。

➡ 過篩後的南瓜泥質地呈細緻狀，可與布丁液混勻，烤出的成品質地較濃郁厚實。

14 將布丁液平均地倒入做法 ② 的焦糖液上，約八分滿。

➡ 倒入容器內的布丁液，分量儘量平均，蒸烤至熟的時間才能一致。

15 用鋁箔紙蓋在每個容器上，將容器放在烤盤上，接著將熱水注入烤盤內，高度約1公分左右。

➡ 請看p.80的「布丁的蒸烤重點」。

16 烤箱預熱後，以上、下火約 160℃蒸烤約40~50分鐘至布丁熟透。

➡ 有關「布丁的蒸烤重點」及「如何判斷布丁蒸烤完成？」，請看p.80~81的說明。

細滑免烤布丁

這是卡士達布丁（雞蛋牛奶布丁）的姊妹作，同樣是焦糖及布丁液的基本元素，但卻以不同方式製作，無論蒸烤或是冷藏凝固，各有不同的口感體驗。

參考分量
100 cc的容器約 5 杯

材料

布丁液

吉利丁片	2 片
蛋黃	32~36 克
細砂糖	35 克
鮮奶	250 克
香草莢	1/2 根
動物性鮮奶油	100 克

焦糖液

細砂糖	60 克
水	15 克
熱水	40 克

做 法

1 布丁液：容器內放入冰開水及冰塊，再將吉利丁片放入冰塊水內浸泡至軟化。

➡ 冰塊水須完全覆蓋吉利丁片，要確實泡軟。

2 將蛋黃及細砂糖分別倒入同一個容器內。

➡ 注意容器不可過小，以方便攪拌動作。

3 用攪拌器將蛋黃及細砂糖攪拌至蛋黃的顏色變淡，呈乳黃色的蛋黃糊。

➡ 持續攪拌後，蛋黃的顏色會變淡，細砂糖也會慢慢融化。

4 將鮮奶倒入鍋內，香草莢用小刀剖開，取出香草莢內的黑籽，連同香草莢外皮，一起放入鍋內。

➡ 有關香草莢的使用，請看p.77的說明。

5 接著開小火加熱，並用耐熱橡皮刮刀不停地攪動，直到鍋內的蛋黃糊與鮮奶煮成濃稠狀即熄火，即成**英式奶醬**。

➡ 免烤布丁的做法，首先將材料中的蛋黃及鮮奶做成英式奶醬（即p.200做法），注意加熱時，鍋邊也要刮到，質地才會均勻；奶醬因有濃稠度會附著在鍋底，加熱至用橡皮刮刀可刮出明顯痕跡即可。

6 最後將動物性鮮奶油倒入鍋內，並用橡皮刮刀攪勻。

➡ 沾黏在容器上的動物性鮮奶油，須儘量刮乾淨；當做法5的英式奶醬完成後，須先熄火再加入動物性鮮奶油，以免持續加熱，會讓鍋內的蛋黃液過熱而結粒。

7 接著再開小火加熱，並用耐熱橡皮刮刀不停地攪動，直到溫度約 40~50℃，可將吉利丁片融化的溫度即熄火。

➡ 加熱時，不可煮至沸騰，以免動物性鮮奶油的乳脂肪分離；攪拌時，須注意鍋邊也要刮到，質地才會均勻細緻。

8 將做法 ① 泡軟的吉利丁片擠乾水分，再放入鍋內，並用橡皮刮刀攪拌至吉利丁片完全融化，即成**布丁液**。

➡ 攪拌時，須注意鍋邊也要刮到，質地才會均勻細緻。

9 將布丁液以篩網過篩，並取出香草莢外皮。

➡ 藉由過篩動作，可使布丁液的質地更加均勻細緻。

10 將做法 ⑨ 整個容器放在冰塊水上降溫至冷卻，需適時地用橡皮刮刀攪動一下，好讓布丁液均勻細緻。

➡ 冰鎮冷卻後，會呈現稍微濃稠感，用橡皮刮刀攪動時，會有輕微的阻力即可。

11 將布丁液平均地倒入容器內，約八分滿，即可放入冰箱冷藏至凝固。

➡ 倒入容器內的布丁液，可依個人喜好斟酌的分量。

12 焦糖液：依 p.78 的做法，將焦糖液製作完成，待完全冷卻後再倒入凝固的布丁表面。

➡ 此處提味的焦糖液，是淋在布丁表面，有別於墊在布丁底部的焦糖質地；因此焦糖煮好後，必須倒入較多的熱水，冷卻後的焦糖液才會呈現流質狀。

蛋白布丁

完全以蛋白製成布丁，多了清爽但卻少了雞蛋布丁特有的香純，
因此以焦糖香氣來增添口感的豐富性，是有必要的喔！

參考分量
140 cc的容器約 4 杯

材料

焦糖液

細砂糖	50 克
水	15 克
熱水	20 克

布丁液

鮮奶	250 克
動物性鮮奶油	50 克
香草莢	1/3 根
蛋白	90 克
細砂糖	40 克

做 法

1 焦糖液：依 p.78 的做法，將焦
糖液製作完成。

➡ 焦糖液製作完成後，手握鍋柄輕輕
地旋轉搖晃，使焦糖液質地均勻，
同時有助於降溫。

2 待焦糖液的滾沸泡沫稍微穩
定後，再趁熱倒入耐烤容器
內備用。

➡ 將焦糖液平均地倒入容器內，
高度約0.3公分，以能覆蓋整
個容器底部為原則。

3 布丁液：將鮮奶及動物性鮮奶油分別倒入同一個鍋內，將香草莢用小刀剖開，取出香草莢內的黑籽，連同香草莢外皮，一起放入鍋內加熱。

➡ 沾黏在容器上的動物性鮮奶油，須儘量刮乾淨；有關香草莢的使用，請看p.77的說明。

4 接著開小火加熱，並用耐熱橡皮刮刀攪動，加熱至約 70℃左右即熄火。

➡ 邊加熱邊用橡皮刮刀攪動，有利於鮮奶及動物性鮮奶油混合受熱均勻。

5 蛋白倒入容器內，用攪拌機攪打。

➡ 注意容器內不可沾上油脂，以免影響打發蛋白的速度。

6 當蛋白打成粗泡狀時，開始分次倒入細砂糖，攪拌至細砂糖完全融化。

➡ 分2~3次倒入細砂糖。

7 持續用快速攪打後，即成發泡的蛋白霜。

➡ 注意容器內的邊緣都要攪打均勻。

8 只要攪打成均勻的發泡狀即可。

➡ 發泡蛋白霜仍會流動，不須刻意將蛋白霜攪打成硬挺狀。

9 將做法 ④ 熱鮮奶內的香草莢外皮取出，再慢慢倒入做法 ⑧ 的蛋白霜內，再用橡皮刮刀輕輕拌勻，即成**蛋白布丁液**。

➡ 此時熱鮮奶已降溫，但尚未完全冷卻，即可倒入蛋白霜內；熱鮮奶會沉在發泡的蛋白霜下面。

10 用湯勺平均舀出蛋白布丁液，倒入做法 ② 的容器內。

➡ 注意每個容器內都須倒入適量的發泡蛋白霜，烤後的成品即會上色一致。

11 將容器放在烤盤上，並將熱水注入烤盤內，高度約 1 公分左右，用鋁箔紙蓋在每個容器上。

➡ 請看p.80的「布丁的蒸烤重點」。

12 烤箱預熱後，以上、下火約 160℃蒸烤約 25~30 分鐘後，再將鋁箔紙取出，繼續蒸烤約 20~25 分鐘至布丁熟透。

➡ 待布丁液蒸烤約25~30分鐘，至七、八分熟的狀態時，即取出鋁箔紙，較能讓布丁表面的蛋白霜上色；有關「布丁的蒸烤重點」及「如何判斷布丁蒸烤完成？」，請看p.80~81的說明。

蜂蜜布丁

以蜂蜜的香甜來表現布丁的口感風味，
但先決條件則是必須使用純正蜂蜜來製作，
才能品嚐天然的蜂蜜布丁。

參考分量
200 cc的容器約 **3** 杯

材料

全蛋	60 克
蛋黃	60 克
鮮奶	330 克
動物性鮮奶油	50 克
香草莢	1/2 根
蜂蜜	80 克

做 法

1 將全蛋及蛋黃分別倒
入同一個容器內。

➡ 注意容器不可過小，以
方便拌合動作。

2 用攪拌器輕輕地將全
蛋及蛋黃攪拌成均勻
的蛋液備用。

➡ 不要用力過度攪拌，以
免出現過多泡沫，最好
以順時針及逆時針交錯
攪拌。

③ 鮮奶及動物性鮮奶油分別
倒入同一個鍋內，將香草
莢用小刀剖開，取出香草
莢內的黑籽，連同香草莢
外皮，一起放入鍋內。
➡沾黏在容器上的動物性鮮奶
油，須儘量刮乾淨；有關香草
莢的使用，請看p.77的說明。

④ 接著開小火加熱，並
用耐熱橡皮刮刀攪動，
加熱至約 70℃左右即
熄火。
➡不可煮沸，以免乳脂肪分
離。

⑤ 用橡皮刮刀將蜂蜜刮
入鍋內，並用橡皮刮
刀攪勻。
➡沾黏在容器上的蜂蜜，
須儘量刮乾淨。

⑥ 將做法 ⑤ 的整鍋熱蜂
蜜鮮奶慢慢地沖入做法
② 的蛋液內，並用攪
拌器配合攪拌動作，即
成**蜂蜜布丁液**。
➡沖入熱鮮奶時，必須邊倒
邊攪拌，以免將蛋液燙
熟結粒，影響成品口感。

⑦ 將蜂蜜布丁液用篩網過篩，
並取出香草莢外皮。
➡藉由過篩動作，可使布丁液的
質地更加均勻細緻。

⑧ 將布丁液平均地倒入
耐烤容器內，約八分
滿。
➡倒入容器內的布丁液，分
量儘量平均，蒸烤至熟
的時間才能一致。

⑨ 用鋁箔紙蓋在每個容器上，將容器放
在烤盤上，接著將熱水注入烤盤內，
高度約 1 公分左右。
➡請看p.80的「布丁的蒸烤重點」。

⑩ 烤箱預熱後，以上、下火約
160℃蒸烤約 50~60 分鐘。
➡請看p.80~81的「布丁的蒸烤重
點」及「如何判斷布丁蒸烤完
成？」。

蛋殼軟布丁

以雞蛋空殼當作布丁容器，別有一番品嚐時的樂趣，布丁液完全以蛋黃做凝結力來源，因此口感特別稀糊軟滑，正符合容量少的品嚐需求，淺嚐即止回味無窮。

材料

焦糖液

細砂糖	45克
水	15克
熱水	15克

布丁液

蛋黃	80克
鮮奶	200克
動物性鮮奶油	100克
細砂糖	30克
香草莢	1/2 根

做法

1. 敲蛋殼：將敲蛋器的底部扣住雞蛋頂端，並用手的食指及拇指抓緊固定。
   ➡ 利用市售的敲蛋器，可輕易將蛋殼敲出工整的開口；如無法取得工具，則用利刀尾部尖端處慢慢地將蛋殼敲出痕跡。

2. 用另一隻手將敲蛋器的頂端拉高。
   ➡ 勿將敲蛋器的頂端拉至最高，以免鬆開時，力道過大，而將蛋殼敲破。

3. 拉高後再輕輕鬆開，即能將蛋殼敲出圓形裂痕。
   ➡ 如敲出的裂痕不夠明顯，就無法沿著裂痕掀開蛋殼，有此情形時，就做重複拉高鬆開的動作。

4. 從蛋殼割痕處輕輕掀開，即能倒出蛋白及蛋黃。
   ➡ 敲蛋殼前，須將裝蛋液的容器放旁邊備用。

5. 將清水倒入蛋殼內，稍微清洗並去除殘留的蛋白，再用手摳出蛋殼內的薄膜；再將清理過的蛋殼倒扣，將內部水分滴乾備用。
   ➡ 蛋殼內用清水稍微沖洗後，即能輕易用手摳出薄膜；將蛋殼內的薄膜去除乾淨，才不會影響布丁口感。

6 在烤盤上先墊上紙巾，撒上適量的清水，然後放入固定蛋殼用的鳳梨酥烤模，再將蛋殼放在鳳梨酥烤模上備用。

➡ 在鳳梨酥烤模底部墊上紙巾，撒些清水，較能固定鳳梨酥烤模及蛋殼，在蒸烤時，可固定蛋殼不易滑動；如無法取得鳳梨酥烤模，建議將鋁箔紙捲成條狀再做成圈狀，來固定蛋殼。

7 焦糖液：依 p.78 的做法，將焦糖液製作完成。

➡ 焦糖液製作完成後，手握鍋柄輕輕地旋轉搖晃，使焦糖液質地均勻，同時有助於降溫。

8 待焦糖液的滾沸泡沫稍微穩定後，再趁熱倒入蛋殼內備用。

➡ 蛋殼容量不大，因此須酌量倒入焦糖液。

9 布丁液：將蛋黃倒入容器內，用攪拌器輕輕地攪散，成蛋黃液備用。

➡ 注意容器不可過小，以方便拌合動作。

10 將鮮奶及動物性鮮奶油分別倒入同一個鍋內，接著將細砂糖也倒入鍋內。

➡ 最好使用全脂鮮奶製作，風味較佳；沾黏在容器上的動物性鮮奶油，須儘量刮乾淨。

11 將香草莢用小刀剖開，取出香草莢內的黑籽，連同香草莢外皮，一起放入鍋內加熱。

➡ 有關香草莢的使用，請看p.77的說明。

12 接著開小火加熱，並用耐熱橡皮刮刀攪動，當細砂糖融化後即熄火。

➡ 邊加熱邊用橡皮刮刀攪動，除了可加速融化細砂糖外，也有利於鮮奶及動物性鮮奶油混合受熱均勻；加熱至約70℃左右即可，不可煮沸，以免乳脂肪分離。

13 將做法 ⑫ 的整鍋熱鮮奶慢慢地沖入做法 ⑨ 的蛋黃液內，並用攪拌器配合攪拌動作，即成**布丁液**。

➡ 沖入熱鮮奶時，必須邊倒邊攪，以免將蛋黃液燙熟結粒，影響成品口感。

14 將布丁液用篩網過篩，並取出香草莢外皮。

➡ 藉由過篩動作，可使布丁液的質地更加均勻細緻。

15 將布丁液平均地倒入做法 ⑧ 的蛋殼內，約八、九分滿。

➡ 倒入布丁液前，須將蛋殼確實放正，以免布丁液溢出；布丁液分量儘量平均，蒸烤至熟的時間才能一致。

16 用一張鋁箔紙蓋在蛋殼上，接著將熱水慢慢注入烤盤內，高度約 1 公分左右。

➡ 蛋殼體積較小，因此只要蓋上一整張鋁箔紙即可，請看p.80的「布丁的蒸烤重點」。

17 烤箱預熱後，以上、下火約 150℃蒸烤約 25 分鐘。

➡ 有關「布丁的蒸烤重點」及「如何判斷布丁蒸烤完成？」，請看p.80~81的說明。

伯爵茶布丁

任何品種的紅茶與鮮奶結合製成布丁，都能顯現大家熟悉又能接受的味道，因此無論奶酪還是布丁，各有不同的味蕾體驗。

材料

伯爵茶茶包	**6** 包
熱水	**85** 克
全蛋	**100~110** 克
蛋黃	**17~20** 克
鮮奶	**200** 克
動物性鮮奶油	**100** 克
細砂糖	**50** 克

做 法

1 將伯爵茶茶包浸泡在熱水中，約 10 分鐘後擠出茶汁備用，重量約 50 克。

➡ 每包茶包內的茶葉淨重約2克，可依個人的口感偏好，增減茶包的用量。

2 將全蛋及蛋黃分別倒入同一個容器內。

➡ 注意容器不可過小，以方便拌合動作。

3 用攪拌器輕輕地將全蛋及蛋黃攪拌成均勻的蛋液備用。

➡ 不要用力過度攪拌，以免出現過多泡沫，最好以順時針及逆時針交錯攪拌。

4 將鮮奶及動物性鮮奶油分別倒入同一個鍋內，接著將細砂糖也倒入鍋內。

➡ 最好使用全脂鮮奶製作，風味較佳；沾黏在容器上的動物性鮮奶油，須儘量刮乾淨。

5 接著開小火加熱，並用耐熱橡皮刮刀攪動，當細砂糖融化後即熄火。

➡ 邊加熱邊用橡皮刮刀攪動，除了可加速融化細砂糖外，也有利於鮮奶及動物性鮮奶油混合受熱均勻；加熱至約70℃左右即可，不可將鮮奶煮沸，以免乳脂肪分離。

6 接著將做法 ① 的茶汁倒入鍋內，並用橡皮刮刀攪成均勻的奶茶。

➡ 茶汁的重量約50克，須浸泡出濃郁香味，成品風味較佳；也可依個人喜好，改換成其他種類的紅茶。

7 將做法 ⑥ 的整鍋熱奶茶慢慢地沖入做法 ③ 的蛋液內，並用攪拌器配合攪拌動作，即成**伯爵茶布丁液**。

➡ 沖入熱奶茶液時，必須邊倒邊攪，以免將蛋液燙熟結粒，影響成品口感。

8 將伯爵茶布丁液用篩網過篩。

➡ 藉由過篩動作，可使布丁液的質地更加均勻細緻。

9 將布丁液平均地倒入耐烤容器內，約八分滿。

➡ 倒入容器內的布丁液，分量儘量平均，蒸烤至熟的時間才能一致。

10 用鋁箔紙蓋在每個容器上，將容器放在烤盤上，接著將熱水注入烤盤內，高度約 1 公分左右。

➡ 請看p.80的「布丁的蒸烤重點」。

11 烤箱預熱後，以上、下火約160℃蒸烤約 40~50 分鐘。

➡ 有關「布丁的蒸烤重點」及「如何判斷布丁蒸烤完成？」，請看p.80~81的說明。

焦糖可可布丁

可可與焦糖分別呈現的「苦甜」與「焦香」，
融為一體後的豐富口感，肯定比單純品嚐可可布丁來得美味喔！

參考分量
130 cc的容器約 5 杯

材料

焦糖液

細砂糖	50 克
水	15 克
熱水	25 克

布丁液

無糖可可粉	15 克
熱開水	50 克
全蛋	100~110 克
蛋黃	16~18 克
鮮奶	250 克
動物性鮮奶油	50 克
細砂糖	50 克

做 法

1 焦糖液：依 p.78 的做法，將焦糖液製作完成。

➡ 焦糖液製作完成後，手握鍋柄輕輕地旋轉搖晃，使焦糖液質地均勻，同時有助於降溫。

2 待焦糖液的滾沸泡沫稍微穩定後，再趁熱倒入耐烤容器內備用。

➡ 將焦糖液平均地倒入容器內，高度約0.3公分，以能覆蓋整個容器底部為原則。

3 布丁液：將無糖可可粉加熱開水，用小湯匙調勻，成可可糊備用。

➡ 無糖可可粉如有結粒現象，使用前應先過篩，較容易與熱水拌勻。

4 將全蛋及蛋黃分別倒入同一個容器內。

➡ 注意容器不可過小，以方便拌合動作。

5 用攪拌器輕輕地將全蛋及蛋黃攪拌成均勻的蛋液備用。

➡ 不要用力過度攪拌，以免出現過多泡沫，最好以順時針及逆時針交錯攪拌。

6 將鮮奶及動物性鮮奶油分別倒入同一個鍋內，接著將細砂糖也倒入鍋內。

➡ 最好使用全脂鮮奶製作，風味較佳；沾黏在容器上的動物性鮮奶油，須儘量刮乾淨。

7 接著開小火加熱，並用耐熱橡皮刮刀攪動，當細砂糖融化後即熄火。

➡ 邊加熱邊用橡皮刮刀攪動，除了可加速融化細砂糖外，也有利於鮮奶及動物性鮮奶油混合受熱均勻；加熱至約70℃左右即可，不可將鮮奶煮沸，以免乳脂肪分離。

8 將做法 ③ 的可可糊倒入鍋內，用橡皮刮刀攪勻。

➡ 沾黏在容器上的可可糊，須儘量刮乾淨。

9 須確實將可可糊與熱鮮奶攪勻，如果不易攪勻，可再開小火稍微加熱。

➡ 注意鍋邊也要刮到，質地才會均勻細緻。

10 將做法 ⑨ 的整鍋熱可可奶慢慢地沖入做法 ⑤ 的蛋液內，並用攪拌器配合攪拌動作，即成**可可布丁液**。

➡ 沖入熱可可奶時，必須邊倒邊攪，以免將蛋液燙熟結粒，影響成品口感。

11 將可可布丁液用篩網過篩。

➡ 藉由過篩動作，可使布丁液的質地更加均勻細緻。

12 將可可布丁液平均地倒入做法 ② 的焦糖液上，約八分滿。

➡ 倒入容器內的布丁液，分量儘量平均，蒸烤至熟的時間才能一致。

13 用鋁箔紙蓋在每個容器上，將容器放在烤盤上，接著將熱水注入烤盤內，高度約1公分左右。

➡ 請看p.80的「布丁的蒸烤重點」。

14 烤箱預熱後，以上、下火約160℃蒸烤約30~40分鐘。

➡ 有關「布丁的蒸烤重點」及「如何判斷布丁蒸烤完成？」，請看p.80~81的說明。

卡魯哇咖啡布丁 佐 香酥粒

咖啡口味的布丁，必須來點咖啡酒提香，融入口中化為多層次的滋味；
同時必須以香酥粒增添更豐富的口感。

材料

布丁液

全蛋	50~55 克
蛋黃	34~37 克
鮮奶	150 克
動物性鮮奶油	100 克
黃砂糖（二砂糖）	40 克
即溶咖啡粉	5 克（約 1 大匙）
卡魯哇咖啡酒（Kahlua）	20 克

搭配

香酥粒（請看 p.28 的材料）	
打發動物性鮮奶油	約 30 克

做 法

1 將全蛋及蛋黃分別倒入
同一個容器內。

➡ 注意容器不可過小，以方便
拌合動作。

2 用攪拌器輕輕地將全蛋及蛋黃
攪拌成均勻的蛋液備用。

➡ 不要用力過度攪拌，以免出現過多
泡沫，最好以順時針及逆時針交
錯攪拌。

3 將鮮奶及動物性鮮奶油分別倒入同一個鍋內，接著將黃砂糖也倒入鍋內。

➡ 最好使用全脂鮮奶製作，風味較佳；沾黏在容器上的動物性鮮奶油，須儘量刮乾淨。

4 接著開小火加熱，並用耐熱橡皮刮刀攪動，當黃砂糖融化後即熄火。

➡ 邊加熱邊用橡皮刮刀攪動，除了可加速融化黃砂糖外，也有利於鮮奶及動物性鮮奶油混合受熱均勻；加熱至約70℃左右即可，不可將鮮奶煮沸，以免乳脂肪分離。

5 將即溶咖啡粉倒入鍋內，用橡皮刮刀攪拌至咖啡粉完全融化。

➡ 不同品牌的即溶咖啡粉，其濃郁度會有不同，可依個人的口感偏好增減用量。

6 最後倒入卡魯哇咖啡酒，用橡皮刮刀攪勻，成為咖啡鮮奶。

➡ 也可改用其他種類的咖啡酒調味。

7 將做法 ⑥ 的整鍋熱咖啡鮮奶慢慢地沖入做法 ② 的蛋液內，並用攪拌器配合攪拌動作，即成**卡魯哇咖啡布丁液**。

➡ 沖入熱咖啡鮮奶時，必須邊倒邊攪，以免將蛋液燙熟結粒，影響成品口感。

8 將卡魯哇咖啡布丁液用篩網過篩。

➡ 藉由過篩動作，可使布丁液的質地更加均勻細緻。

9 將卡魯哇咖啡布丁液平均地倒入耐烤容器內，約八分滿。

➡ 倒入容器內的布丁液，分量儘量平均，蒸烤至熟的時間才能一致。

10 用鋁箔紙蓋在每個容器上，將容器放在烤盤上，接著將熱水注入烤盤內，高度約 1 公分左右。

➡ 請看p.80的「布丁的蒸烤重點」。

11 烤箱預熱後，以上、下火約 160℃蒸烤約 30~40 分鐘；依 p.28 的做法，將香酥粒製作完成，如 p.160 的圖 ①，將動物性鮮奶油打發。

➡ 有關「布丁的蒸烤重點」及「如何判斷布丁蒸烤完成？」，請看p.80~81的說明。

12 將尖齒花嘴裝入擠花袋內，再用橡皮刮刀將打發鮮奶油裝入袋內，扭緊袋口後，在布丁表面以旋轉方式擠出鮮奶油，再放些適量的香酥粒即可。

➡ 布丁表面的擠花樣式，可隨個人喜好擠製；可依個人喜好，參考p.26~28的其他配料。

巧克力布丁

有如p.84的「超濃柔滑布丁」，滲出微苦香甜的滋味，就像品嚐濃純的巧克力奶糊，所以必須使用富含可可脂的巧克力來製作，同時得注意烘烤火候，千萬別讓口感變硬喔！

材料

苦甜巧克力	80 克
動物性鮮奶油	50 克
全蛋	110 克
鮮奶	250 克
細砂糖	50 克
香橙酒	15 克

做法

1 苦甜巧克力與動物性鮮奶油放入同一個容器內，以隔水加熱方式將巧克力融化。

➡ 須用富含可可脂的苦甜巧克力來製作布丁，口感較好；不同含量比例的可可脂均可，可依個人的喜好或方便選購製作。

2 以中小火邊加熱邊攪拌巧克力，直到巧克力完全融化，成為均勻的巧克力糊備用。

➡ 加熱時，熱水不可沸騰，當巧克力快要完全融化時即可熄火，或是將容器離開熱水。

3 將全蛋倒入容器內，用攪拌器輕輕地攪拌成均勻的蛋液備用。

➡ 注意容器不可過小，以方便拌合動作；不要用力過度攪拌，以免出現過多泡沫，最好以順時針及逆時針交錯攪拌。

4 將鮮奶及細砂糖分別倒入同一個鍋內，接著開小火加熱，並用耐熱橡皮刮刀攪動，當細砂糖融化後即熄火。

➡ 最好使用全脂鮮奶製作，風味較佳；邊加熱邊用橡皮刮刀攪動，可加速融化細砂糖，加熱至約70℃左右即可，不可將鮮奶煮沸，以免乳脂肪分離。

5 接著將做法 ② 的巧克力糊倒入做法 ④ 的熱鮮奶內，用橡皮刮刀攪成均勻的巧克力鮮奶。

➡ 沾黏在容器上的巧克力糊，須儘量刮乾淨。

6 將做法 ⑤ 的整鍋熱巧克力鮮奶倒入做法 ③ 的蛋液內，並用攪拌器配合攪拌動作，即成**巧克力布丁液**。

➡ 沖入熱鮮奶巧克力時，必須邊倒邊攪，以免將蛋液燙熟結粒，影響成品口感。

7 最後倒入香橙酒，用攪拌器輕輕攪勻即可。

➡ 也可改用蘭姆酒增加香氣與風味。

8 將巧克力布丁液用篩網過篩。

➡ 藉由過篩動作，可使布丁液的質地更加均勻細緻。

9 將巧克力布丁液平均地倒入耐烤容器內，約八分滿。

➡ 倒入容器內的布丁液，分量儘量平均，蒸烤至熟的時間才能一致。

10 用鋁箔紙蓋在每個容器上，將容器放在烤盤上，接著將熱水注入烤盤內，高度約 1 公分左右。

➡ 請看p.80的「布丁的蒸烤重點」。

11 烤箱預熱後，以上、下火約 160℃ 蒸烤約 25~30 分鐘。

➡ 有關「布丁的蒸烤重點」及「如何判斷布丁蒸烤完成？」，請看p.80~81的說明。

焦糖蘋果香橙布丁

香橙口味的布丁以焦糖蘋果當成配料,凸顯果香的特色與清爽的口感;
由基本款的焦糖布丁延伸而成千變萬化的好味道。

材料

焦糖蘋果

細砂糖	60 克
水	20 克
新鮮蘋果丁	150 克
無鹽奶油	5 克

布丁液

吉利丁片	3 片
蛋黃	18~20 克
a 鮮奶	100 克
細砂糖	30 克
香橙酒	1 小匙(約 5 克)
新鮮柳橙汁	250 克(過篩後)

做　法

1 焦糖蘋果:將細砂糖及水分別
倒入鍋內,用小火加熱。

➡ 首先將糖水煮成焦糖。

2 依 p.78 的做法 ①~⑤,將
焦糖液製作完成。

➡ 注意焦糖不要煮過頭,以免味
道變苦,影響成品的風味。

3 將新鮮蘋果丁及無鹽奶油倒入焦糖液內。

➡ 儘量選用質地硬的新鮮蘋果，較能耐煮糖漬入味，去皮後切成約0.8公分的丁狀。

4 接著用中小火加熱，蘋果丁會漸漸變軟，並滲出水分。

➡ 蘋果丁與焦糖液一起加熱熬煮，只要適時地攪動一下即可。

5 持續加熱後，蘋果丁會變軟縮小，湯汁也會稍微收乾，即成焦糖蘋果。

➡ 留些湯汁與蘋果丁一起倒入容器內，當作布丁餡料，風味較佳。

6 將焦糖蘋果平均地倒入耐烤容器內，待冷卻後即放入冷藏室冰鎮備用。

➡ 冷藏後的焦糖蘋果，質地會變稠，最後倒入布丁液時較不會混在一起。

7 布丁液：容器內放入冰開水及冰塊，再將吉利丁片放入冰塊水內浸泡至軟化。

➡ 冰塊水須完全覆蓋吉利丁片，要確實泡軟。

8 依 p.200 做法 ①~⑦，將材料 a 製成英式奶醬。

➡ 免烤布丁的做法，首先將材料中的蛋黃及鮮奶做成英式奶醬，注意加熱時，鍋邊也要刮到，質地才會均勻；奶醬因有濃稠度會附著在鍋底，加熱至用橡皮刮刀可刮出明顯痕跡即可。

9 將香橙酒倒入鍋內，用橡皮刮刀攪勻。

➡ 可改用蘭姆酒增加香氣與風味。

10 將做法 ⑦ 泡軟的吉利丁片擠乾水分，再放入鍋內，並用橡皮刮刀攪拌至吉利丁片完全融化。

➡ 攪拌時，須注意鍋邊也要刮到，質地才會均勻細緻。

11 將新鮮柳橙汁倒入鍋內，用橡皮刮刀攪勻，即成**香橙布丁液**。

➡ 是以台灣的新鮮柳橙榨汁，瀝汁後去除果渣，重量約250克；如無法取得新鮮柳橙，則以罐裝的柳橙汁製作。

12 將香橙布丁液以篩網過篩。

➡ 藉由過篩動作，可使布丁液的質地更加均勻細緻。

13 將做法 ⑫ 整個容器放在冰塊水上降溫至冷卻，需適時地用橡皮刮刀攪動一下，好讓布丁液均勻細緻。

➡ 冰鎮冷卻後，會呈現稍微濃稠感，用橡皮刮刀攪動時，會有輕微的阻力即可。

14 將香橙布丁液平均地倒入做法 ⑥ 的容器內，約八分滿，即可放入冰箱冷藏至凝固。

➡ 倒入容器內的布丁液，可依個人喜好斟酌的分量。

草莓布丁

以新鮮的草莓製成布丁，其香氣及風味，極具自然又可口的特色；
當然須以凝固方式製成，才能保有新鮮草莓的香甜氣味。

參考分量
100 cc的容器約 5 杯

材料

	吉利丁片	2 又 1/2 片
	新鮮草莓	150 克
a	蛋黃	18~20 克
	鮮奶	80 克
	細砂糖	40 克
	鮮奶	200 克
	動物性鮮奶油	50 克
	香橙酒	1 小匙
	搭配	
	草莓醬	（請看 p.19 的材料）

做 法

1　容器內放入冰開水及冰塊，再將吉利丁片放入冰塊水內浸泡至軟化。

➥ 冰塊水須完全覆蓋吉利丁片，要確實泡軟。

2　草莓切成小塊，放入均質機內打成無顆粒狀又細緻的草莓泥。

➥ 儘量切成小塊，即能快速攪打成果泥狀；除了用方便的均質機絞打外，也可利用食物料理機製作。

3 依 p.200 做法 ①~⑦，將材料 a 製成英式奶醬。
➡ 免烤布丁的做法，首先將材料中的蛋黃及鮮奶做成英式奶醬，注意加熱時，鍋邊也要刮到，質地才會均勻；奶醬因有濃稠度會附著在鍋底，加熱至用橡皮刮刀可刮出明顯痕跡即可。

4 將鮮奶 200 克倒入做法 ③ 的鍋內，用橡皮刮刀攪勻。
➡ 最好使用全脂鮮奶製作，風味較佳。

5 將動物性鮮奶油倒入鍋內，用橡皮刮刀攪勻。
➡ 沾黏在容器上的動物性鮮奶油，須儘量刮乾淨。

6 接著再開小火加熱，並用耐熱橡皮刮刀不停地攪動，直到溫度約 40~50℃，可將吉利丁片融化的溫度即熄火。
➡ 加熱時，不可煮至沸騰，以免動物性鮮奶油的乳脂肪分離；攪拌時，須注意鍋邊也要刮到，質地才會均勻細緻。

7 將做法 ① 泡軟的吉利丁片擠乾水分，再放入鍋內，並用橡皮刮刀攪拌至吉利丁片完全融化。
➡ 攪拌時，須注意鍋邊也要刮到，質地才會均勻細緻。

8 接著用橡皮刮刀將做法 ② 的草莓泥刮入鍋內，用橡皮刮刀攪勻。
➡ 沾黏在容器上的草莓泥，須儘量刮乾淨。

9 最後將香橙酒倒入鍋內，用橡皮刮刀攪勻，即成**草莓布丁液**。
➡ 可改用蘭姆酒增加香氣與風味。

10 將草莓布丁液以篩網過篩。
➡ 藉由過篩動作，可使布丁液的質地更加均勻細緻。

11 將做法 ⑩ 整個容器放在冰塊水上降溫至冷卻，須適時地用橡皮刮刀攪動一下，好讓布丁液均勻細緻。
➡ 冰鎮冷卻後，會呈現稍微濃稠感，用橡皮刮刀攪動時，會有輕微的阻力即可。

12 將草莓布丁液平均地倒入容器內，約八分滿，即可放入冰箱冷藏至凝固。
➡ 倒入容器內的布丁液，可依個人喜好斟酌的分量。

13 依 p.19 的做法，將草莓醬製作完成，取適量淋在凝固的草莓布丁上即可。
➡ 可依個人喜好參考 p.18~20 的其他醬汁。

藍莓乳酪布丁

以奶油乳酪（cream cheese）為基底的布丁，加上大量的新鮮藍莓，每一口都是軟嫩又多汁的清爽滋味，很特別喔！

做　法

1. 奶油乳酪秤好後，放在室溫下回軟；新鮮藍莓洗淨瀝乾水分，並用廚房紙巾擦乾備用。

　➡ 奶油乳酪要確實回軟，才能與鮮奶混合攪勻；用小湯匙（或用手）可輕易地將奶油乳酪壓出凹痕即可。

2. 容器內放入冰開水及冰塊，再將吉利丁片放入冰塊水內浸泡至軟化。

　➡ 冰塊水須完全覆蓋吉利丁片，要確實泡軟。

3. 依 p.200 做法 ①~⑦，將材料 a 製成英式奶醬。

　➡ 免烤布丁的做法，首先將材料中的蛋黃及鮮奶做成英式奶醬，注意加熱時，鍋邊也要刮到，質地才會均勻；奶醬因有濃稠度會附著在鍋底，加熱至用橡皮刮刀可刮出明顯痕跡即可。

4. 將做法 ① 已軟化的奶油乳酪倒入英式奶醬內。

　➡ 可先用橡皮刮刀將軟化的奶油乳酪攪散，再倒入鍋內，有助於融入熱鮮奶中。

材料

奶油乳酪（cream cheese）		50 克
新鮮藍莓		100 克
吉利丁片		2 又 1/2 片
a	蛋黃	18~20 克
	細砂糖	40 克
	鮮奶	100 克
	香草莢	1/2 根
鮮奶		200 克
香橙酒		1 小匙

搭配→
芒果鮮奶油（請看 p.22 的材料）

參考分量
115 cc的容器約 4 杯

5 利用耐熱橡皮刮刀將鍋內的奶油乳酪攪散壓軟。

➡ 用壓的方式，較能將奶油乳酪與熱鮮奶融為一體，儘量將奶油乳酪攪散，如有些小顆粒很難壓碎，可在材料全部加完後，再過篩濾出細緻的質地。

6 再將鮮奶 200 克倒入鍋內，用橡皮刮刀攪勻。

➡ 最好使用全脂鮮奶製作，風味較佳。

7 接著再開小火加熱，並用耐熱橡皮刮刀不停地攪動，直到溫度約 40~50℃，可將吉利丁片融化的溫度即熄火。

➡ 加熱時，不可煮至沸騰，以免動物性鮮奶油的乳脂肪分離；攪拌時，須注意鍋邊也要刮到，質地才會均勻細緻。

8 將做法 ② 泡軟的吉利丁片擠乾水分，再放入鍋內，並用橡皮刮刀攪拌至吉利丁片完全融化。

➡ 攪拌時，須注意鍋邊也要刮到，質地才會均勻細緻。

9 最後將香橙酒倒入鍋內，用橡皮刮刀攪勻，即成**乳酪布丁液**。

➡ 可改用蘭姆酒增加香氣與風味。

10 將乳酪布丁液以篩網過篩。

➡ 藉由過篩動作，可使布丁液的質地更加均勻細緻。

11 過篩時，須用橡皮刮刀將篩網上的奶油乳酪顆粒儘量壓過篩網，還有附著在篩網底部的黏稠乳酪，也要刮乾淨，才不會造成過多損耗。

➡ 過篩後的乳酪布丁液呈濃稠細緻狀，成品質地才會均勻滑順。

12 將做法 ⑪ 整個容器放在冰塊水上降溫至冷卻，須適時地用橡皮刮刀攪動一下，好讓布丁液均勻細緻。

➡ 冰鎮冷卻後，會呈現稍微濃稠感，用橡皮刮刀攪動時，會有輕微的阻力即可。

13 將新鮮藍莓倒入濃稠的布丁液內，用橡皮刮刀稍微攪動一下。

➡ 新鮮藍莓的用量比例很高，與凝固的布丁融為一體，口感非常好；也可依個人喜好增減藍莓用量。

14 將藍莓乳酪布丁液平均地舀入容器內，約八分滿，即可放入冰箱冷藏至凝固。

➡ 儘量將藍莓及布丁液平均地倒入容器內，可依個人喜好斟酌分量。

15 依 p.22 的做法，將芒果鮮奶油製作完成，取適量舀在凝固的乳酪布丁上，並放上新鮮草莓裝飾即可。

➡ 可依p.101的做法 ⑫，將打發的芒果鮮奶油擠在布丁表面，也可依個人喜好參考p.18~31的其他醬汁及配料。

太妃蘭姆葡萄軟布丁

參見 **DVD** 示範

利用適量的奶油乳酪（cream cheese），讓布丁口感具濃厚的滋味，同樣也是蛋量較少的奶糊布丁；尤其是配上微苦香甜的「太妃蘭姆葡萄」，真是耐人尋味的好味道。

參考分量
90 cc的容器約 **10** 杯

材料

搭配
太妃蘭姆葡萄
　　（請看 **p.29** 的材料）

布丁液→

奶油乳酪	**50** 克
全蛋	**110~115** 克
蛋黃	**36~40** 克
鮮奶	**350** 克
細砂糖	**50** 克
香草莢	**1/2** 根

做　法

1 依 p.29 的做法，將太妃蘭姆葡萄製作完成。

　➡ 製作「太妃蘭姆葡萄」時，須注意焦糖醬不要煮過頭，顏色焦黑味道苦澀，會影響成品的可口度。

2 奶油乳酪秤好後，放在室溫下回軟備用。

　➡ 奶油乳酪要確實回軟，才能與鮮奶混合攪勻；用橡皮刮刀（或用手）可輕易地將奶油乳酪壓出痕跡即可。

3 取適量的太妃蘭姆葡萄舀在耐烤容器內，待冷卻後冷藏備用。

➡ 太妃蘭姆葡萄仍有溫度時，質地呈流質狀，最好趁熱舀入容器內較為方便。

4 將全蛋及蛋黃分別倒入同一個容器內。

➡ 注意容器不可過小，以方便拌合動作。

5 用攪拌器輕輕地將全蛋及蛋黃攪拌成均勻的蛋液備用。

➡ 不要用力過度攪拌，以免出現過多泡沫，最好以順時針及逆時針交錯攪拌。

6 將鮮奶及細砂糖分別倒入同一個鍋內。

➡ 最好使用全脂鮮奶製作，風味較佳。

7 將香草莢用小刀剖開，取出香草莢內的黑籽，連同香草莢外皮，一起放入鍋內。

➡ 有關香草莢的使用，請看 p. 的說明。

8 開小火加熱，接著將做法 ① 軟化的奶油乳酪倒入鍋內，用耐熱橡皮刮刀攪散壓軟。

➡ 用壓的方式，較能將奶油乳酪與熱鮮奶融為一體，儘量將奶油乳酪攪散，如有些小顆粒很難壓碎時，可在材料全部加完後，再過篩濾出細緻的質地；加熱至約70℃左右即可，不可將鮮奶煮沸，以免乳脂肪分離。

9 將做法 ⑧ 整鍋熱鮮奶乳酪液倒入做法 ⑤ 的蛋液內，並用攪拌器配合攪拌的動作，即成**乳酪布丁液**。

➡ 沖入熱鮮奶時，必須邊倒邊攪，以免將蛋液燙熟結粒，影響成品口感。

10 將乳酪布丁液以篩網過篩，並取出香草莢外皮。

➡ 藉由過篩動作，可使布丁液的質地更加均勻細緻。

11 將做法 ③ 的容器放在烤盤上，將乳酪布丁液平均地倒入容器內，約八分滿。

➡ 倒入容器內的布丁液，分量儘量平均，蒸烤至熟的時間才能一致。

12 用鋁箔紙蓋在每個容器上，接著將熱水注入烤盤內，高度約 1 公分左右。

➡ 請看p.80的「布丁的蒸烤重點」。

13 烤箱預熱後，以上、下火約 160℃ 蒸烤約 25~30 分鐘。

➡ 有關「布丁的蒸烤重點」及「如何判斷布丁蒸烤完成？」，請看p.80~81的說明。

甜蜜焦香布丁

將布丁液調和成焦糖口味，無論成品色澤或風味，
都與基本款的焦糖布丁有著完全不同的品嚐效果。

參考分量
110 cc的容器約 5 杯

材料

a	細砂糖	50 克
	水	15 克
	熱水	50 克
	全蛋	105~110 克
	蛋黃	18~20 克
	鮮奶	200 克
	黃砂糖（二砂）	30 克
	動物性鮮奶油	100 克

搭配
打發動物性鮮奶油　　　　50 克

做　法

1　依 p.78 的做法，將材料 a 製
　　成焦糖液備用。

　➡ 注意焦糖不要煮過頭，以免味道
　　變苦，影響成品的風味；由於此
　　處的焦糖液須保持流質狀態，較
　　容易倒入熱鮮奶內，因此熱水用
　　量較多。

2　將全蛋及蛋黃分別倒入
　　同一個容器內。

　➡ 注意容器不可過小，以方
　　便拌合動作。

3 用攪拌器輕輕地將全蛋及蛋黃攪拌成均勻的蛋液備用。

➥ 不要用力過度攪拌，以免出現過多泡沫，最好以順時針及逆時針交錯攪拌。

4 將鮮奶及黃砂糖分別倒入同一個鍋內。

➥ 最好使用全脂鮮奶製作，風味較佳；以黃砂糖製作，可提升焦糖鮮奶的風味。

5 接著開小火加熱，並用耐熱橡皮刮刀攪動。

➥ 黃砂糖顆粒較粗，可先加熱稍微融化，再加入動物性鮮奶油。

6 再將動物性鮮奶油倒入鍋內，用橡皮刮刀攪勻即熄火。

➥ 沾黏在容器上的動物性鮮奶油，須儘量刮乾淨；加熱至約70℃左右即可，不可將鮮奶煮沸，以免乳脂肪分離。

7 最後將做法 ① 的焦糖液倒入鍋內。

➥ 沾黏在容器上的焦糖液，須儘量刮乾淨。

8 用橡皮刮刀將所有材料攪勻，同時也須確認黃砂糖要完全融化。

➥ 攪拌時，須注意鍋邊也要刮到，質地才會均勻細緻。

9 將做法 ⑧ 整鍋焦糖熱鮮奶倒入做法 ③ 的蛋液內，並用攪拌器配合攪拌的動作，即成**焦香布丁液**。

➥ 沖入焦糖熱鮮奶時，必須邊倒邊攪，以免將蛋液燙熟結粒，影響成品口感。

10 將焦香布丁液以篩網過篩。

➥ 藉由過篩動作，可使布丁液的質地更加均勻細緻。

11 將布丁液平均地倒入耐烤容器內，約八分滿。

➥ 倒入容器內的布丁液，分量儘量平均，蒸烤至熟的時間才能一致。

12 用鋁箔紙蓋在每個容器上，將容器放在烤盤上，接著將熱水注入烤盤內，高度約 1 公分左右。

➥ 請看p.80的「布丁的蒸烤重點」。

13 烤箱預熱後，以上、下火約 160℃蒸烤約 35~45 分鐘；最後依 p.101 的做法 ⑫，在冷卻的布丁表面擠製打發的動物性鮮奶油。

➥ 有關「布丁的蒸烤重點」及「如何判斷布丁蒸烤完成？」，請看p.80~81的說明；可依個人喜好參考p.23~24的「堅果類」。

豆腐布丁

參見 DVD 示範

豆腐加豆漿，特別強化豆香的美妙滋味，非常貼切地融為一體，
是一道新奇又可口的營養布丁。

參考分量
90 cc的容器約 7 杯

材料

板豆腐	90 克
全蛋	100~105 克
蛋白	15 克
無糖豆漿	300 克
細砂糖	50 克

做　法

1 將板豆腐放在細篩網上，壓出
細緻均勻的豆腐泥備用。

➥利用板豆腐製作布丁，具有濃郁的
豆香味，也可使用質地較細、味
道較清淡的盒裝豆腐來製作；沾
黏在篩網上的豆腐泥須用橡皮刮
刀儘量刮乾淨。

2 將全蛋及蛋白分別倒入
同一個容器內。

➥注意容器不可過小，以方
便拌合動作。

③ 用攪拌器輕輕地將全蛋及蛋白攪拌成均勻的蛋液備用。

➡ 不要用力過度攪拌，以免出現過多泡沫，最好以順時針及逆時針交錯攪拌。

④ 將無糖豆漿及細砂糖分別倒入同一個鍋內。

➡ 如使用有甜度的豆漿，則須將細砂糖酌量減量。

⑤ 開小火加熱，並用耐熱橡皮刮刀攪動。

➡ 邊加熱邊用橡皮刮刀攪動，可加速融化細砂糖。

⑥ 接著將做法①的豆腐泥倒入鍋內。

➡ 在做法⑤開始用小火加熱時，緊接著就要倒入豆腐泥；藉由加熱過程，可使豆腐泥釋出香氣。

⑦ 持續用小火加熱，直到細砂糖完全融化即熄火。

➡ 加熱時，須不停地用橡皮刮刀攪動，以免豆腐泥沾鍋焦化；注意不要煮至沸騰，只需加熱至約70℃左右，細砂糖完全融化即可。

⑧ 將做法⑦整鍋熱豆腐豆漿倒入做法③的蛋液內，並用攪拌器配合攪拌的動作，即成**豆腐布丁液**。

➡ 沖入豆腐布丁液時，必須邊倒邊攪，以免將蛋液燙熱結粒，影響成品口感。

⑨ 將豆腐布丁液以篩網過篩。

➡ 藉由過篩動作，可使布丁液的質地更加均勻細緻。

⑩ 過篩時，須用橡皮刮刀將篩網上的豆腐泥儘量壓過篩網，還有附著在篩網底部的黏稠液，也要刮乾淨，才不會造成過多損耗。

➡ 過篩後的豆腐布丁液呈濃稠細緻狀，成品質地才會均勻滑順。

⑪ 將布丁液平均地倒入耐烤容器內，約八分滿。

➡ 倒入容器內的布丁液，分量儘量平均，蒸烤至熟的時間才能一致。

⑫ 用鋁箔紙蓋在每個容器上，將容器放在烤盤上，接著將熱水注入烤盤內，高度約1公分左右。

➡ 請看p.80的「布丁的蒸烤重點」。

⑬ 烤箱預熱後，以上、下火約160℃蒸烤約30~35分鐘。

➡ 有關「布丁的蒸烤重點」及「如何判斷布丁蒸烤完成？」，請看p.80~81的說明；可依個人喜好搭配各種新鮮水果一起食用。

豆漿花生醬鹹布丁

豆漿與花生醬的不同香氣,非常融合,
調成微微的鹹味,有別於甜布丁的口感,值得一嚐!

材料

材料	分量
無糖豆漿	300 克
無顆粒花生醬	50 克
全蛋	110~115 克
蛋黃	18~20 克
細砂糖	35 克
動物性鮮奶油	50 克
海鹽	1/2 小匙

做 法

1 取無糖豆漿約 50 克與花生醬
混合調勻,成花生糊備用。

➡ 事先將濃稠的花生醬調成液體
狀,較容易與大量豆漿混合均
勻。

2 將全蛋及蛋黃分別倒入
同一個容器內。

➡ 注意容器不可過小,以方
便拌合動作。

3 用攪拌器輕輕地將全蛋及蛋黃攪拌成均勻的蛋液備用。

➡ 不要用力過度攪拌，以免出現過多泡沫，最好以順時針及逆時針交錯攪拌。

4 將無糖豆漿及細砂糖分別倒入同一個鍋內。

➡ 如使用有甜度的豆漿，則須將細砂糖酌酌減量。

5 接著開小火加熱，再將動物性鮮奶油倒入鍋內。

➡ 沾黏在容器上的動物性鮮奶油，須儘量刮乾淨。

6 最後將做法 ① 的花生糊倒入鍋內。

➡ 沾黏在容器上的花生糊，須儘量刮乾淨。

7 持續用小火加熱，同時要用橡皮刮刀不停地攪動，直到細砂糖完全融化即熄火。

➡ 加熱至約70℃左右即可，不可煮沸，以免動物性鮮奶油的乳脂肪分離。

8 將做法 ⑦ 整鍋熱花生醬豆漿倒入做法 ③ 的蛋液內，並用攪拌器配合攪拌的動作。

➡ 沖入豆漿花生醬布丁液時，必須邊倒邊攪，以免將蛋液燙熟結粒，影響成品口感。

9 最後將海鹽倒入布丁液內，用攪拌器攪至融化，即成**豆漿花生醬鹹布丁液**。

➡ 在布丁液內加入適量的海鹽，可讓成品增添微鹹的口感。

10 將布丁液以篩網過篩。

➡ 藉由過篩動作，可使布丁液的質地更加均勻細緻。

11 將布丁液平均地倒入耐烤容器內，約八分滿。

➡ 倒入容器內的布丁液，分量儘量平均，蒸烤至熟的時間才能一致。

12 將容器放在烤盤上，用鋁箔紙蓋在每個容器上，接著將熱水注入烤盤內，高度約 1 公分左右。

➡ 請看p.80的「布丁的蒸烤重點」。

13 烤箱預熱後，以上、下火約 160℃蒸烤約 40~45 分鐘。

➡ 有關「布丁的蒸烤重點」及「如何判斷布丁蒸烤完成？」，請看p.80~81的說明。

花生醬

市售的花生醬有區分成「含花生顆粒」與「未含花生顆粒」兩種，可依個人喜好選用製作；如將新鮮的熟花生用料理機快速打成泥狀，製成花生醬奶酪，風味更佳。

黑糖煉奶布丁

以黑糖及煉奶分別取代白砂糖及鮮奶，
同樣是軟嫩的布丁口感，但卻有不同的香氣與滋味。

參考分量
100 cc的容器約 5 杯

材料

全蛋	110~115 克
蛋黃	18~20 克
冷開水	250 克
黑糖	30 克（過篩後）
煉奶	150 克

做法

1 將全蛋及蛋黃分別倒
入同一個容器內。

➡ 注意容器不可過小，以方
便拌合動作。

2 用攪拌器輕輕地將全蛋
及蛋黃攪拌成均勻的蛋
液備用。

➡ 不要用力過度攪拌，以免
出現過多泡沫，最好以順
時針及逆時針交錯攪拌。

3 將冷開水及黑糖分別倒入同一個鍋內。
➡ 黑糖須先過篩，以免過多顆粒不易融化；過篩後的重量為30克。

4 最後將煉奶倒入鍋內。
➡ 沾黏在容器上的煉奶，須儘量刮乾淨。

5 接著開小火加熱，並用耐熱橡皮刮刀攪勻，不需煮至沸騰，只要加熱至黑糖融化即熄火。
➡ 邊加熱邊用橡皮刮刀攪動，可加速融化黑糖；須注意鍋邊也要刮到，質地才會均勻細緻。

6 將做法⑤整鍋熱黑糖煉奶倒入做法②的蛋液內，並用攪拌器配合攪拌的動作，即成**黑糖煉奶布丁液**。
➡ 沖入黑糖煉奶布丁液時，必須邊倒邊攪，以免將蛋液燙熟結粒，影響成品口感。

7 將布丁液以篩網過篩。
➡ 藉由過篩動作，可使布丁液的質地更加均勻細緻。

8 將布丁液平均地倒入耐烤容器內，約八分滿。
➡ 倒入容器內的布丁液，分量儘量平均，蒸烤至熟的時間才能一致。

9 用鋁箔紙蓋在每個容器上，將容器放在烤盤上，接著將熱水注入烤盤內，高度約1公分左右。
➡ 請看p.80的「布丁的蒸烤重點」。

10 烤箱預熱後，以上、下火約160℃蒸烤約30~35分鐘。
➡ 有關「布丁的蒸烤重點」及「如何判斷布丁蒸烤完成？」，請看p.80~81的說明。

煉奶

煉奶（Sweetened Condensed Milk）呈乳白色濃稠狀，由新鮮牛奶蒸發提煉而成，內含糖份；取代牛奶製作布丁時，材料中的糖須減量製作。

奶酪

　　顧名思義，「奶酪」跟牛奶有關連。所謂的奶酪，或許很多人（地區）會有不同的認知，例如說，奶酪就是牛奶發酵後的製品（也叫乾酪），或說奶酪是由牛奶內的凝乳酵素凝結而成的乳製品，口感帶有香濃奶味，又有微酸的口感，就像一般的酸奶。而本書中的「奶酪」，簡單來說，就是牛奶（或加其他口味）加凝固劑（吉利丁）凝結而成的「牛奶凍」，其中最知名的就是義大利奶酪〔即p.122義式奶酪（panna cotta）〕，滑溜的細緻質地，帶有宜人的香濃奶味，尤其是搭配水果醬汁或新鮮水果一起食用，頗受眾人喜愛；因此坊間亦有不少各式牛奶凍的相關商品，其口感與冷藏式布丁似乎沒兩樣。

　　區隔本書中布丁及奶酪的類別，簡單來說，就是奶酪完全以「牛奶」（鮮奶）做為主食材，並以冷藏凝固方式來製作，而布丁產品，則是以「卡士達」（含雞蛋及牛奶）為架構，可蒸烤，可冷藏；然而，兩者的製程都非常簡單，同樣都具有美味的條件。

奶酪的製作

製作原則 煮奶酪液＋軟化的吉利丁片

製作流程

浸泡吉利丁片→煮鮮奶（及各式添加材料）→加吉利丁片→成為奶酪液→過篩（視需要）→
降溫冷卻→奶酪液倒入容器內→冷藏至凝固

奶酪與果凍，大同小異

與果凍相較下，其製程幾乎相同，都是屬於冷藏凝固式的甜點，唯一的不同點，在於果凍是
以「果汁」為主、奶酪則以「鮮奶」為主，而二種產品都以吉利丁做為凝固劑。

因此，從頭至尾的製作細節及重點，包含吉利丁片的使用、奶酪的軟硬度、加熱、冷卻、過
篩、倒入容器內的方式以及最後凝固……等相關問題，均可參考果凍篇的p.34~37。

至於奶酪中的主料……鮮奶（及動物性鮮奶油）的相關說明，請看布丁篇的p.76。

義式奶酪

這道奶酪即是義大利甜點 "panna cotta"，是以牛奶、鮮奶油及糖加熱後，藉由吉利丁凝結而成的奶凍製品；義大利文的 "panna cotta"，意指「煮的cream」，做法簡單，是很家常的庶民甜點。

參考分量
135 cc的容器約 4 杯

材料

材料	分量
吉利丁片	3 又 1/3 片
鮮奶	200 克
細砂糖	50 克
香草莢	1/2 根
動物性鮮奶油	200 克
各式新鮮水果	適量

做 法

1 容器內放入冰開水及冰塊，再將吉利丁片放入冰塊水內浸泡至軟化。

➡ 冰塊水須完全覆蓋吉利丁片，要確實泡軟。

2 將鮮奶及細砂糖一起放入鍋內，將香草莢用小刀剖開，取出香草莢內的黑籽，連同香草莢外皮，一起放入鍋內加熱。

➡ 有關香草莢的使用，請看p.77的說明。

3 最後將動物性鮮奶油倒入鍋內，用橡皮刮刀攪勻即熄火。

➡ 沾黏在容器上的鮮奶油也要刮乾淨；不要煮至沸騰，只要溫度達到約40~50℃，可將吉利丁片融化的溫度即可，請看p.14的說明。

4 將做法 ① 泡軟的吉利丁片擠乾水分，再放入鍋內，並用橡皮刮刀攪拌至吉利丁片完全融化，即成**義式奶酪液**。

➡ 攪拌時，須注意鍋邊也要刮到，質地才會均勻細緻。

5 將做法 ④ 整個容器放在冰塊水上降溫至冷卻，須適時地用橡皮刮刀攪動一下，好讓奶酪液均勻細緻。

➡ 冰鎮冷卻後，會呈現稍微濃稠感，用橡皮刮刀攪動時，會有輕微的阻力即可。

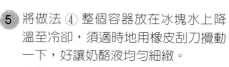
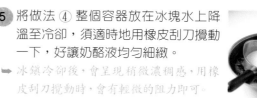

6 將義式奶酪液平均地倒入容器內，約八分滿，即可放入冰箱冷藏至凝固，最後再放上自己喜歡的各式新鮮水果顆粒即可。

➡ 倒入容器內的奶酪液，可依個人喜好斟酌分量；義式奶酪非常適合以新鮮水果或各式水果醬汁搭配食用，請看p.18~20。

花生醬奶酪

香濃花生醬製成奶酪，無論口感還是香氣，
相信必是老少咸宜的好滋味！

參考分量
40 cc的容器約 **8** 杯

材料

吉利丁片	**2** 片
無顆粒的花生醬	**35** 克
鮮奶	**250** 克
細砂糖	**30** 克

做 法

1 依 p.122 做法 ① 將吉利丁片泡軟
備用；取鮮奶約 35 克與花生醬混合
調勻，成為花生糊備用。

➡ 事先將濃稠的花生醬調成液體狀，較
容易與大量鮮奶混合均勻。

2 將剩餘的鮮奶及細砂糖一起放入鍋
內，用小火邊加熱邊攪拌，將細砂
糖煮至融化即熄火。

➡ 不要煮至沸騰，只要溫度達到約
40~50℃，可將吉利丁片及細砂糖融化
的溫度即可，請看 p.14 的說明。

3 將泡軟的吉利丁片擠乾水分，再放
入鍋內，並用橡皮刮刀攪拌至吉利
丁片完全融化。

➡ 攪拌時，須注意鍋邊也要刮到，質地才
會均勻細緻。

4 將做法 ① 的花生糊倒入鍋內，
用橡皮刮刀攪勻，即成**花生醬奶
酪液**。

➡ 沾黏在容器上的花生糊，也要刮乾
淨。

5 將做法 ④ 整個容器放在冰塊水
上降溫至冷卻，須適時地用橡皮
刮刀攪動一下，好讓奶酪液均勻
細緻。

➡ 冰鎮冷卻後，會呈現稍微濃稠感，
可避免泥狀物沉澱；用橡皮刮刀攪
動時，會有輕微的阻力即可。

6 將花生醬奶酪液平均地倒入容器
內，約八分滿，即可放入冰箱冷
藏至凝固。

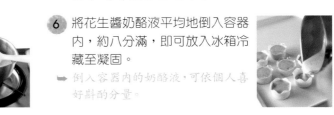

➡ 倒入容器內的奶酪液，可依個人喜
好斟酌的分量。

紅茶奶酪

茶香加奶味，融為一體，不用任何配料，
直接品嚐就是大家熟悉的好味道！

參考分量
160 cc的容器約 4 杯

材料

吉利丁片	4 又 1/2 片
冷開水	200 克
紅茶茶葉（伯爵茶）	15 克
細砂糖	65 克
鮮奶	300 克

做 法

1 容器內放入冰開水及
冰塊，再將吉利丁片
放入冰塊水內浸泡至
軟化。

➡ 冰塊水須完全覆蓋吉利
丁片，要確實泡軟。

2 冷開水倒入鍋中，加
熱至快要沸騰時即熄
火。

➡ 泡紅茶的水溫不要過
高，約達90℃即可，泡
出的茶湯才不會苦澀。

③ 將茶葉倒入熱水中，浸泡約 6~8 分鐘。

➡ 浸泡時可蓋上鍋蓋，可讓茶湯釋放濃郁香氣。

④ 接著加入細砂糖，用橡皮刮刀攪勻至細砂糖完全融化。

➡ 細砂糖也可改用黃砂糖（二砂糖）代替，味道會更加香醇。

⑤ 將做法 ① 泡軟的吉利丁片擠乾水分，再放入鍋內，並用橡皮刮刀攪拌至吉利丁片完全融化。

➡ 攪拌時，須注意鍋邊也要刮到，質地才會均勻細緻。

⑥ 最後加入鮮奶，用橡皮刮刀攪勻，即成**紅茶奶酪液**。

➡ 鮮奶的用量，也可搭配部分動物性鮮奶油，可提升香濃口感。

⑦ 將紅茶奶酪液以細篩網過篩，須用橡皮刮刀將篩網上的茶葉儘量壓一壓，才不會造成過多損耗。

➡ 須用細篩網過篩，瀝出的果凍液才會純淨。過篩後，附著在篩網底部的汁液，也要刮乾淨。

⑧ 將做法 ⑦ 整個容器放在冰塊水上降溫至冷卻，須適時地用橡皮刮刀攪動一下，好讓奶酪液均勻細緻。

➡ 冰鎮冷卻後，會呈現稍微濃稠感，用橡皮刮刀攪動時，會有輕微的阻力即可。

⑨ 將紅茶奶酪液平均地倒入容器內，約八分滿，即可放入冰箱冷藏至凝固。

➡ 倒入容器內的紅茶奶酪液，可依個人喜好斟酌的分量。

芒果奶酪

利用新鮮芒果多汁又香甜的特性,製成軟滑香甜的奶酪,
無論風味還是黃澄澄的誘人色澤,堪稱奶酪中的極品。

參考分量
150 cc的容器約 5 杯

材料

吉利丁片	3 片
芒果果肉	200 克(去皮後)
鮮奶	250 克
動物性鮮奶油	100 克
細砂糖	35 克
檸檬汁	10 克(約 2 小匙)
芒果果肉	適量

做 法

1 容器內放入冰開水及
冰塊,再將吉利丁片
放入冰塊水內浸泡至
軟化。

➡ 冰塊水須完全覆蓋吉利
丁片,要確實泡軟。

2 芒果果肉切成小塊,放入均
質機內打成細緻的泥狀備用。

➡ 儘量切成小塊,即能快速打成細
緻的泥狀;除了用方便俐落的均
質機絞打外,也可利用食物料理
機製作。

3 將鮮奶、動物性鮮奶油及細砂糖一起放入鍋內，用小火邊加熱邊攪拌，將細砂糖煮至融化即熄火。

➡ 沾黏在容器上的動物性鮮奶油，也要刮乾淨；不要煮至沸騰，只要溫度達到約40~50℃，可將吉利丁片及細砂糖融化的溫度即可，請看p.14的說明。

4 將做法 ① 泡軟的吉利丁片擠乾水分，再放入鍋內，並用橡皮刮刀攪拌至吉利丁片完全融化。

➡ 攪拌時，須注意鍋邊也要刮到，質地才會均勻細緻。

5 將做法 ④ 整個容器放在冰塊水上降溫至冷卻，須適時地用橡皮刮刀攪動一下，好讓鮮奶液均勻細緻。

➡ 冷卻後，接下來再加入檸檬汁，可保有天然香氣及風味。

6 將檸檬汁倒入鍋內，用橡皮刮刀攪拌均勻。

➡ 也可改用柳橙汁增加香氣與風味。

7 先將 1/3 分量的芒果泥倒入做法 ⑥ 的鮮奶液內，用攪拌器攪拌均勻。

➡ 芒果泥質地濃稠，建議用攪拌器與鮮奶液混合，即能快速攪勻。

8 再將做法 ⑦ 的混合液全部倒入剩餘的芒果泥內，用橡皮刮刀（或攪拌器）攪勻，即成**芒果奶酪液**。

➡ 攪拌混合時，如仍有少許顆粒時，可藉由過篩動作，濾出均勻細緻的奶酪液。

9 將芒果奶酪液以篩網過篩。

➡ 過篩後的果泥，會附著在篩網底部，也要刮乾淨，如p.87焦糖南瓜布丁的做法 ⑫。

10 將做法 ⑨ 整個容器放在冰塊水上降溫至冷卻，須適時地用橡皮刮刀攪動一下，好讓奶酪液均勻細緻；再平均地倒入容器內，約七、八分滿，冷藏至凝固。

➡ 倒入容器內的奶酪液，可依個人喜好斟酌分量。

11 將新鮮的芒果切成約 0.8 公分的丁狀，取適量放在凝固的芒果奶酪表面即可。

芒果

在芒果產季時，儘量用新鮮芒果製作，風味較佳，不同品種的甜度與質地均有差異，請自行斟酌材料中的糖量；如無法取得時，則用歐美進口的冷凍果泥製作，所需的用量是一樣的。

杏仁奶酪 佐 太妃蘭姆葡萄

利用南杏的甜味、北杏的香氣,製成天然養生的奶酪甜品,
絕對優於人工杏仁香精不自然的口感。

材料

南杏	60 克
北杏	10 克
鮮奶	200 克
冷開水	100 克
吉利丁片	3 片
鮮奶	約 100 克
細砂糖	40 克

搭配
太妃蘭姆葡萄
（請看 p.29 的材料）

做 法

1 南杏及北杏混合洗淨並瀝乾水分,一起放
在烤盤上,將烤箱預熱後,以上、下火約
150℃烤約 8~10 分鐘,呈金黃色即可。

➡ 儘量瀝乾水分,較容易烤乾上色,也可用小火
直接炒成金黃色;注意南杏、北杏會有大小不
一情況,上色速度會有差異;烘烤時,須將已上
色的南杏或北杏先從烤盤中取出來。

2 容器內放入冰開水
及冰塊,再將吉利
丁片放入冰塊水內
浸泡至軟化。

➡ 冰塊水須完全覆蓋
吉利丁片,要確實泡
軟。

3 將烤好的南杏及北杏放入料理機內,加入鮮奶 200 克及冷開水,用快速打成細緻狀。

➡ 儘量打成細緻的泥狀,做出的成品較香濃。

4 將做法 ③ 打好的南杏、北杏的鮮奶液,全部倒入濾布袋內。

➡ 利用濾布袋可方便擠出細緻均勻的汁液。

5 擠汁液時,最後殘留的泥狀物,也儘量用力擠乾。

➡ 糊狀物的液體,勿用篩網過篩,以濾布袋較能擠出細緻均勻的汁液。

6 擠出的杏仁汁液約有 250 克。

➡ 擠完杏仁汁液後,最好秤重確認,才能順利掌握接下來的做法。

7 將做法 ⑥ 的液體(約 250 克)倒入鍋內,再倒入約 100 克的鮮奶,總共重量達 350 克。

➡ 做法 3 打碎的細緻度及做法 4 的濾汁效果,所得到的汁液量會有差異,最後以鮮奶約100克做增減添加,只要補足350克即可。

8 接著倒入細砂糖,用小火邊加熱邊攪拌。

➡ 不要煮至沸騰,只要溫度達到約40~50℃,可將吉利丁片及細砂糖融化的溫度即可,請看p.14的說明。

9 用小火加熱時,須用耐熱橡皮刮刀不停地攪動,將細砂糖煮至融化即熄火。

➡ 因液體內含泥狀物,須不停地攪動,以免黏鍋;須注意鍋邊也要刮到,質地才會均勻細緻。

10 將做法 ② 泡軟的吉利丁片擠乾水分,再放入鍋內,用橡皮刮刀攪拌至融化,即成**杏仁奶酪液**。

➡ 須注意鍋邊也要刮到,質地才會均勻細緻。

11 將做法 ⑩ 的整個容器放在冰塊水上降溫至冷卻,須適時地用橡皮刮刀攪動一下,好讓奶酪液均勻細緻。

➡ 冰鎮冷卻後,會呈現稍微濃稠感,可避免泥狀物沉澱;用橡皮刮刀攪動時,會有輕微的阻力即可。

12 將杏仁奶酪液平均地倒入容器內,約七、八分滿,冷藏至凝固。

➡ 倒入容器內的奶酪液,可依個人喜好斟酌分量。

13 依 p.29 的做法,將太妃蘭姆葡萄製作完成,取適量放在凝固的奶酪上即可。

➡ 可依個人喜好參考p.18~31的其他醬汁及配料。

南杏、北杏

圖右為「南杏」,又稱甜杏仁,外形扁平,顏色較淺,口感微甜;圖左為「北杏」,又稱苦杏仁,外形較厚實,色澤較深,具有明顯香氣;但北杏帶有毒性與苦味,不宜多食;製作甜品時,取少量北杏,與南杏混合,提升風味與香氣。

黑糖薑汁奶酪

醇厚的黑糖甜味，再以薑汁提出順口宜人的口感，
是大家熟悉的好滋味。

參考分量
110 cc的容器約 5 杯

材料

吉利丁片	3 片
鮮奶	300 克
冷開水	50 克
黑糖	70 克（過篩後）
薑汁	1/2 小匙（5 克）
烤熟的杏仁粒	5 克
搭配	
黑糖醬汁	（請看 p.21 的材料）

做 法

1 容器內放入冰開水
及冰塊，再將吉利
丁片放入冰塊水內
浸泡至軟化。

➡ 冰塊水須完全覆蓋
吉利丁片，要確實泡
軟。

2 將鮮奶及冷開水一起放入鍋
內，用小火邊加熱邊攪拌，
溫度約 40~50℃即熄火。

➡ 不要煮至沸騰，只要能將黑糖
及吉利丁片融化的溫度即可；
為了縮短黑糖加熱時間，必須
熄火後再加入黑糖，較能保有
黑糖香氣與風味。

3 將黑糖倒入鍋內，用橡皮刮刀攪拌至完全融化。

➡ 黑糖使用前，務必先過篩，才能快速融化在鮮奶中。

4 將事先磨好的薑汁倒入鍋內，用橡皮刮刀攪拌均勻。

➡ 用磨薑板磨出薑汁，其中的薑泥也要使用，才能凸顯黑糖與薑汁的風味；用一般的薑即可，不要刻意使用老薑，以免辛辣味過重。

5 加完薑汁後，再開小火加熱，約 10 秒鐘後即熄火。

➡ 再稍微加熱，可使每種材料更加融合。

6 將做法 ① 泡軟的吉利丁片擠乾水分，再放入鍋內，並用橡皮刮刀攪拌至吉利丁片完全融化，即成**薑汁黑糖奶酪液**。

➡ 攪拌時，須注意鍋邊也要刮到，質地才會均勻細緻。

7 將薑汁黑糖奶酪液以篩網過篩，再將做法 ⑥ 整個容器放在冰塊水上降溫至冷卻，須適時地用橡皮刮刀攪動一下，好讓奶酪液均勻細緻。

➡ 藉由過篩動作，可將薑汁的粗渣去除，成品口感較好；冰鎮冷卻後，會呈現稍微濃稠感，用橡皮刮刀攪動時，會有輕微的阻力即可。

8 將薑汁黑糖奶酪液平均地倒入容器內，約八分滿，即可放入冰箱冷藏至凝固。

➡ 倒入容器內的奶酪液，可依個人喜好斟酌分量。

9 依 p.21 的做法，將黑糖醬汁製作完成，用小湯匙取適量淋在凝固的奶酪上，再撒上適量的熟杏仁粒即可。

➡ 依個人嗜甜程度，酌量添加黑糖醬汁；除杏仁粒之外，也適合搭配p.28的香酥粒一起食用。

檸檬優格奶酪 佐 藍莓醬

單純的優格奶酪，
必須淋上適宜的水果醬汁，才是品嚐之道。

參考分量
130 cc的容器約 **4** 杯

材料

吉利丁片	2 又 1/2 片
鮮奶	150 克
細砂糖	30 克
冷開水	50 克
檸檬皮屑	1/2 小匙
檸檬汁	10 克
原味優格	130 克

搭配

藍莓醬	（請看 p.18 的材料）

做法

1 容器內放入冰開水
及冰塊，再將吉利
丁片放入冰塊水內
浸泡至軟化。

→ 冰塊水須完全覆蓋
吉利丁片，要確實泡
軟。

2 將鮮奶、細砂糖及冷開水一起
放入鍋內，用小火邊加熱邊攪
拌，將細砂糖煮至融化即熄火。

→ 不要煮至沸騰，只要溫度達到約
40~50℃，可將吉利丁片及細砂糖
融化的溫度即可，請看p.14的說
明。

③ 將做法 ① 泡軟的吉利丁片擠乾水分，再放入鍋內，並用橡皮刮刀攪拌至吉利丁片完全融化。

➥ 攪拌時，須注意鍋邊也要刮到，質地才會均勻細緻。

④ 將事先刨好的檸檬皮屑倒入鍋內，用橡皮刮刀攪拌均勻。

➥ 也可改用柳橙皮屑增加香氣與風味。

⑤ 將檸檬汁倒入鍋內，用橡皮刮刀攪拌均勻。

➥ 添加檸檬汁具調味功能，但檸檬汁酸度高，與鮮奶結合後，會讓鮮奶中的蛋白質變性凝結，因此不宜多加；也可改用柳橙汁增加香氣與風味。

⑥ 將原味優格倒入鍋內，用橡皮刮刀攪拌均勻，即成**檸檬優格奶酪液**。

➥ 沾黏在容器上的原味優格，也要刮乾淨。

⑦ 將檸檬優格奶酪液以篩網過篩。

➥ 藉由過篩動作，將檸檬皮屑去除，成品口感較好。

⑧ 將做法 ⑦ 整個容器放在冰塊水上降溫至冷卻，須適時地用橡皮刮刀攪動一下，好讓奶酪液均勻細緻。

➥ 冰鎮冷卻後，會呈現稍微濃稠感，用橡皮刮刀攪動時，會有輕微的阻力即可。

⑨ 將檸檬優格奶酪液平均地倒入容器內，約八分滿，即可放入冰箱冷藏至凝固。

➥ 倒入容器內的奶酪液，可依個人喜好斟酌分量。

⑩ 依 p.18 的做法，將藍莓醬製作完成，取適量淋在凝固的奶酪表面。

➥ 可依個人喜好參考p.18~20的鮮果醬汁。

椰香芋泥奶酪

淡淡的芋泥香氣、灰灰暗暗的色澤,才是芋泥的真面目;
再添加一點似有若無的椰香,口感更佳豐富。

參考分量
75 cc的容器約 7 杯

材料

材料	分量
吉利丁片	3 片
鮮奶	250 克
蒸熟的芋頭	60 克
冷開水	60 克
細砂糖	50 克
椰奶	60 克

做 法

1　容器內放入冰開水及
　　冰塊,再將吉利丁片
　　放入冰塊水內浸泡至
　　軟化。

　➡ 冰塊水須完全覆蓋吉
　　利丁片,要確實泡軟。

2　取鮮奶約 100 克與蒸熟的芋頭
　　及冷開水,一起放入均質機內,
　　絞打成細緻的芋泥糊備用。

　➡ 要將芋頭確實蒸軟,並取質地較
　　鬆的部分製作較好;也可利用果
　　汁機快速打成細緻的泥狀。

3 將剩餘的鮮奶及細砂糖
一起放入鍋內,用小火
邊加熱邊攪拌,將細砂
糖煮至融化即熄火。

➡ 不要煮至沸騰,只要溫度達
到約40~50℃,可將吉利丁
片及細砂糖融化的溫度即
可,請看p.14的說明。

4 將做法 ① 泡軟的吉利
丁片擠乾水分,再放入
鍋內,並用橡皮刮刀攪
拌至吉利丁片完全融
化。

➡ 攪拌時,須注意鍋邊也
要刮到,質地才會均勻細
緻。

5 將椰奶倒入鍋內,用
橡皮刮刀攪拌均勻。

➡ 沾黏在容器上的椰奶,
也要刮乾淨。

6 將做法 ② 的芋泥糊倒
入鍋內,用橡皮刮刀攪
拌均勻,即成**椰香芋泥
奶酪液**。

➡ 沾黏在容器上的芋泥
糊,也要刮乾淨。

7 將椰香芋泥奶酪液以篩
網過篩,並用橡皮刮刀
按壓篩網上的芋泥糊。

➡ 藉由過篩動作,可使芋泥
糊更細緻。

8 將做法 ⑦ 整個容器放
在冰塊水上降溫至冷
卻,須適時地用橡皮
刮刀攪動一下,好讓
奶酪液均勻細緻。

➡ 冰鎮冷卻後,會呈現稍
微濃稠感,可避免泥狀
物沉澱;用橡皮刮刀攪
動時,會有輕微的阻力
即可。

9 將椰香芋泥奶酪液平均地倒入容器內,約八分
滿,即可放入冰箱冷藏至凝固。

➡ 倒入容器內的奶酪液,可依個人喜好斟酌分量。

黑芝麻奶酪

黑芝麻粉應力求新鮮，才能做出可口香醇的奶酪美味；
可能的話，現磨現做最棒！

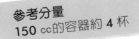

材料

吉利丁片	**2** 片
鮮奶	**250** 克
動物性鮮奶油	**100** 克
細砂糖	**60** 克
黑芝麻粉	**30** 克

做 法

1 容器內放入冰開水及冰塊，再將吉利丁片放入冰塊水內浸泡至軟化。
➡ 冰塊水須完全覆蓋吉利丁片，要確實泡軟。

2 將鮮奶、動物性鮮奶油及細砂糖一起放入鍋內，用小火邊加熱邊攪拌，將細砂糖煮至融化即熄火。
➡ 不要煮至沸騰，只要溫度達到約40~50℃，可將吉利丁片及細砂糖融化的溫度即可，請看p.14的說明。

3 將做法 ① 泡軟的吉利丁片擠乾水分，再放入鍋內，並用橡皮刮刀攪拌至吉利丁片完全融化。
➡ 攪拌時，須注意鍋邊也要刮到，質地才會均勻細緻。

4 將黑芝麻粉倒入鍋內，用橡皮刮刀攪勻，即成**黑芝麻奶酪液**。
➡ 黑芝麻粉一定要新鮮，沒有油蒿味，做出的奶酪成品，風味才佳。

5 將做法 ④ 整個容器放在冰塊水上降溫至冷卻，須適時地用橡皮刮刀攪動一下，好讓奶酪液均勻細緻。
➡ 冰鎮冷卻後，會呈現稍微濃稠感，可避免黑芝麻粉沉澱；用橡皮刮刀攪動時，會有輕微的阻力即可。

6 將黑芝麻奶酪液平均地倒入容器內，約八分滿，即可放入冰箱冷藏至凝固。
➡ 倒入容器內的奶酪液，可依個人喜好斟酌的分量。

可可奶酪

用料簡單、做法容易、口感滑溜，
但務必使用無糖、無奶精的「無糖可可粉」製作喔！

參考分量
70 cc的容器約 **7** 杯

材料

吉利丁片	2又1/2片
無糖可可粉	15 克
熱開水	50 克
鮮奶	200 克
動物性鮮奶油	100 克
細砂糖	50 克

搭配
太妃醬（請看 **p.20** 的材料）

做 法

1 依p.136做法①將吉利丁片泡
軟備用：將無糖可可粉加熱開
水，用小湯匙調勻，成為可可
糊備用。

➡ 無糖可可粉如有結粒現象，使用前
應先過篩，較容易與熱水拌勻。

2 將鮮奶、動物性鮮奶油及細砂
糖一起放入鍋內，用小火邊加
熱邊攪拌，將細砂糖煮至融化
即熄火。

➡ 不要煮至沸騰，只要溫度達到約
40~50℃，可將吉利丁片及細砂糖
融化的溫度即可，請看p.14的說明。

3 將泡軟的吉利丁片擠乾水分，
再放入鍋內，並用橡皮刮刀攪
拌至吉利丁片完全融化。

➡ 攪拌時，須注意鍋邊也要刮到，質
地才會均勻細緻。

4 將做法 ① 的可可糊倒入鍋內，
用橡皮刮刀攪拌均勻，即成**可
可奶酪液**。

➡ 沾黏在容器上的可可糊，也要刮
乾淨。

5 將做法 ④ 整個容器放在冰塊水上降
溫至冷卻，須適時地用橡皮刮刀攪
動一下，好讓奶酪液均勻細緻。

➡ 冰鎮冷卻後，會呈現稍微濃稠感，用橡
皮刮刀攪動時，會有輕微的阻力即可。

6 將可可奶酪液平均地倒入容器內，
約八分滿，即可放入冰箱冷藏至凝
固。

➡ 倒入容器內的奶酪液，可依個人喜好
斟酌的分量。

7 依 p.20 的做法，將太妃醬製作完
成，取適量淋在凝固的可可奶酪上。

➡ 搭配可可奶酪的醬汁，除了太妃醬之
外，也可參考p.26的「餅乾類」當配
料。

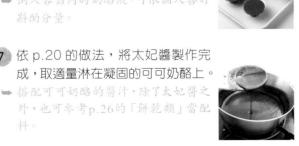

香蕉奶酪佐巧克力醬

製作奶酪時，請別忽略配料的重要性，這道「香蕉奶酪」因為有了「巧克力醬」及「香酥粒」的搭配，即成討好味蕾的甜品喔！

參考分量
150 cc的容器約 **4** 杯

材料

吉利丁片	**2** 片
香蕉	**70** 克（去皮後）
冷開水	**100** 克
鮮奶	**100** 克
動物性鮮奶油	**100** 克
細砂糖	**30** 克
檸檬皮屑	**1/2** 小匙
搭配	
巧克力醬	（請看 **p.21** 的材料）
香酥粒	（請看 **p.28** 的材料）

做法

1. 容器內放入冰開水及冰塊，再將吉利丁片放入冰塊水內浸泡至軟化。
   ➡ 冰塊水須完全覆蓋吉利丁片，要確實泡軟。

2. 香蕉切成小塊，加冷開水一起放入均質機內打成細緻的泥狀備用。
   ➡ 香蕉質地很軟，很容易用各種方式打成泥狀，如食物料理機或粗篩網均可。

3　將鮮奶、動物性鮮奶油及細砂糖一
　　起放入鍋內，用小火邊加熱邊攪拌，
　　將細砂糖煮至融化即熄火。

➡ 不要煮至沸騰，只要溫度達到約40～
　　50℃，可將吉利丁片及細砂糖融化的溫
　　度即可，請看p.14的說明。

4　將做法 ① 泡軟的吉利丁片擠
　　乾水分，再放入鍋內，並用橡
　　皮刮刀攪拌至吉利丁片完全融
　　化。

➡ 攪拌時，須注意鍋邊也要刮到，
　　質地才會均勻細緻。

5　將事先刨好的檸
　　檬皮屑倒入鍋
　　內，用橡皮刮刀
　　攪拌均勻。

➡ 可改用柳橙皮
　　屑增加香氣與風
　　味。

6　將做法 ② 的香蕉泥倒
　　入鍋內，用橡皮刮刀
　　攪拌均勻，即成**香蕉
　　奶酪液**。

➡ 沾黏在容器上的香蕉
　　泥，也要刮乾淨。

7　將香蕉奶酪液以篩網過
　　篩，並用橡皮刮刀按壓篩
　　網上的香蕉泥。

➡ 藉由過篩動作，可使香蕉泥
　　更細緻。

8　將做法 ⑦ 整個容器放在冰塊水上降溫至冷卻，
　　須適時地用橡皮刮刀攪動一下，好讓奶酪液均
　　勻細緻。

➡ 冰鎮冷卻後，會呈現稍微濃稠感，可避免泥狀物
　　沉澱；用橡皮刮刀攪動時，會有輕微的阻力即可。

9　將香蕉奶酪液平均地倒入容器
　　內，約八分滿，即可放入冰箱
　　冷藏至凝固。

➡ 倒入容器內的奶酪液，可依個人
　　喜好斟酌分量。

10　依 p.21 及 p.28 的做法，將巧克力醬及香酥粒完
　　成；用小湯匙取適量的巧克力醬直接淋在凝固的
　　奶酪表面，再用小湯匙劃出痕跡，並撒上適量的
　　香酥粒即可。

➡ 可依個人喜好參考p.23的「堅果類」當配料。

果香椰漿奶酪

奶酪與果凍結合，可任意搭配，凸顯視覺效果與口感驚喜，
只要多花一點時間，即能呈現亮眼的成品。

參考分量
75 cc的容器約 **8** 杯

材料

椰漿奶酪

吉利丁片	3 片
鮮奶	200 克
細砂糖	35 克
椰漿（椰奶）	50 克
動物性鮮奶油	50 克

覆盆子鳳梨果凍

吉利丁片	1 又 1/2 片
冷開水	60 克
細砂糖	20 克
覆盆子果泥	30 克
鳳梨果肉	約 40 克

做 法

1 椰漿奶酪：容器內放入
冰開水及冰塊，再將吉
利丁片放入冰塊水內浸
泡至軟化。

➡ 冰塊水須完全覆蓋吉利
丁片，要確實泡軟。

2 將鮮奶及細砂糖一起放入鍋內，
用小火邊加熱邊攪拌，將細砂糖
煮至融化即熄火。

➡ 不要煮至沸騰，只要溫度達到約
40~50℃，可將吉利丁片及細砂糖融
化的溫度即可，請看p.14的說明。

3 將做法 ① 泡軟的吉利丁片擠乾水分，再放入鍋內，並用橡皮刮刀攪拌至吉利丁片完全融化。

➡ 攪拌時，須注意鍋邊也要刮到，質地才會均勻細緻。

4 將椰漿倒入鍋內，用橡皮刮刀攪拌均勻。

➡ 沾黏在容器上的椰漿，也要刮乾淨。

5 將動物性鮮奶油倒入鍋內，用橡皮刮刀攪拌均勻，即成**椰漿奶酪液**。

➡ 沾黏在容器上的椰漿，也要刮乾淨。

6 將做法 ⑤ 整個容器放在冰塊水上降溫至冷卻，須適時地用橡皮刮刀攪動一下，好讓奶酪液均勻細緻。

➡ 冰鎮冷卻後，會呈現稍微濃稠感，用橡皮刮刀攪動時，會有輕微的阻力即可。

7 將椰漿奶酪液平均地倒入容器內，約六分滿，即可放入冰箱冷藏至表層凝固。

➡ 倒入容器內的奶酪液，可依個人喜好斟酌分量；剩餘的椰漿奶酪液放在室溫下備用。

8 覆盆子鳳梨果凍：依照做法 ① 將吉利丁片泡軟備用；將冷開水及細砂糖一起放入鍋內，用小火邊加熱邊攪拌，將細砂糖煮至融化。

➡ 不要煮至沸騰，因為接下來還須加入鳳梨果肉同煮。

9 將鳳梨果肉切成丁狀倒入鍋內，用小火加熱，煮到沸騰後即熄火。

➡ 將鳳梨果肉稍微加熱，可去除酸澀味道，同時有助於成品凝結。

10 將覆盆子果泥倒入鍋內，用橡皮刮刀攪拌均勻。

➡ 這道的覆盆子果泥是選用進口的冷凍果泥製作，沾黏在容器上的果泥，也要刮乾淨。

11 將做法 ⑧ 泡軟的吉利丁片擠乾水分，再放入鍋內，並用橡皮刮刀攪拌至吉利丁片完全融化，即成**覆盆子鳳梨果凍液**。

➡ 攪拌時，須注意鍋邊也要刮到，質地才會均勻細緻。

12 將做法 ⑪ 整個容器放在冰塊水上降溫至冷卻，須適時地用橡皮刮刀攪動一下，好讓果凍液均勻細緻。

➡ 冰鎮冷卻後，會呈現稍微濃稠感，鳳梨顆粒與果凍液才會融為一體；用橡皮刮刀攪動時，會有輕微的阻力即可。

13 將覆盆子鳳梨果凍液平均地倒入已凝固的椰漿奶酪上，接著再放入冰箱冷藏至凝固。

➡ 倒入容器內的椰漿奶酪液及覆盆子鳳梨果凍液的比例，可依個人喜好斟酌調整。

14 最後將做法 ⑦ 剩餘的椰漿奶酪液平均地倒入已凝固的覆盆子鳳梨果凍上，接著再放入冰箱冷藏至凝固即可。

➡ 兩種不同材料做成的奶酪及果凍，可隨個人喜好，隨興組合搭配。

蓮子凍豆漿奶酪

以豆漿、蓮子及紅糖為奶酪素材，美味與養生兼具，整體口感出奇的美味，值得嘗試喔！

參考分量
230 cc的容器約 **3** 杯

材料

豆漿奶酪

吉利丁片	3 片
無糖豆漿	350 克
細砂糖	40 克
動物性鮮奶油	50 克

蓮子凍

吉利丁片	1 片
黃砂糖（二砂糖）	25 克
冷開水	100 克
黑糖	10 克
煮熟的蓮子	80 克

做法

1 豆漿奶酪：容器內放入冰開水及冰塊，再將吉利丁片放入冰塊水內浸泡至軟化。

➡ 冰塊水須完全覆蓋吉利丁片，要確實泡軟。

2 將無糖豆漿及細砂糖一起放入鍋內，用小火邊加熱邊攪拌，將細砂糖煮至融化即熄火。

➡ 不要煮至沸騰，只要溫度達到約40~50℃，可將吉利丁片及細砂糖融化的溫度即可，請看p.14的說明。

3 將做法 ① 泡軟的吉利丁片擠乾水分，再放入鍋內，並用橡皮刮刀攪拌至吉利丁片完全融化。

➡ 攪拌時，須注意鍋邊也要刮到，質地才會均勻細緻。

4 將動物性鮮奶油倒入鍋內，用橡皮刮刀攪拌均勻，即成**豆漿奶酪液**。

➡ 沾黏在容器上的鮮奶油，也要刮乾淨。

5 將做法 ④ 整個容器放在冰塊水上降溫至冷卻，須適時地用橡皮刮刀攪動一下，好讓奶酪液均勻細緻。

➡ 冰鎮冷卻後，會呈現稍微濃稠感，用橡皮刮刀攪動時，會有輕微的阻力即可。

6 將豆漿奶酪液平均地倒入容器內，約六、七分滿，即可放入冰箱冷藏至凝固。

➡ 倒入容器內的奶酪液，可依個人喜好斟酌的分量。

7 蓮子凍：容器內放入冰開水及冰塊，再將吉利丁片放入冰塊水內浸泡至軟化。

➡ 冰塊水須完全覆蓋吉利丁片，要確實泡軟。

8 將黃砂糖及冷開水一起放入鍋內，用小火邊加熱邊攪拌，將黃砂糖煮至融化即熄火。

➡ 加熱時，須同時攪拌，黃砂糖才易融化；不要煮至沸騰，只要溫度達到約40~50℃，可將吉利丁片及黃砂糖融化的溫度即可，請看p.14的說明。

9 將黑糖倒入鍋內，用橡皮刮刀攪拌至完全融化。

➡ 在糖水中添加黑糖，可提升風味與香氣；黃砂糖與黑糖的用量比例，可依個人喜好斟酌調整。

10 將做法 ⑦ 泡軟的吉利丁片擠乾水分，再放入鍋內，並用橡皮刮刀攪拌至吉利丁片完全融化，即成**糖水果凍液**。

➡ 攪拌時，須注意鍋邊也要刮到，質地才會均勻細緻。

11 將做法 ⑩ 整個容器放在冰塊水上降溫至冷卻，須適時地用橡皮刮刀攪動一下，好讓果凍液均勻細緻。

➡ 冰鎮冷卻後，才可倒在已凝固的豆漿奶酪上，以免奶酪融化。

12 將事先煮熟的蓮子放入已凝固的豆漿奶酪上，再將冷卻的糖水果凍液倒入容器內，接著再放入冰箱冷藏至凝固。

➡ 蓮子一定要煮到綿軟，成品的口感才夠好，如無法取得新鮮蓮子，可用蜜紅豆或熟的芋頭丁、地瓜丁代替；倒入容器內的豆漿奶酪及蓮子凍的比例，可依個人喜好斟酌調整。

摩卡奶酪 佐 巧克力鮮奶油

有關「摩卡」的元素……咖啡＋可可＋鮮奶，全部到位，
吃濃醇的「摩卡奶酪」有別於喝摩卡咖啡的樂趣喔！

參考分量
75 cc的容器約 5 杯

材料

吉利丁片	2 又 1/2 片
即溶咖啡粉	5 克
熱水	50 克
無糖可可粉	5 克
鮮奶	250 克
細砂糖	30 克

搭配
巧克力鮮奶油
　　　（請看 p.22 的材料）
焦糖夏威夷果仁
　　　（請看 p.23 的材料）

做 法

1 容器內放入冰開水及
冰塊，再將吉利丁片
放入冰塊水內浸泡至
軟化。

➡ 冰塊水須完全覆蓋吉利
丁片，要確實泡軟。

2 將即溶咖啡粉與熱水用小湯
匙調勻，接著將無糖可可粉
倒入，須確實攪拌均勻，成
為咖啡可可液備用。

➡ 只要用一般熱水（80~90℃）
即可。

3 將鮮奶及細砂糖一起放入鍋內,用小火邊加熱邊攪拌,將細砂糖煮至融化即熄火。

➡ 不要煮至沸騰,只要溫度達到約40~50℃,可將吉利丁片及細砂糖融化的溫度即可,請看p.14的說明。

4 將做法 ① 泡軟的吉利丁片擠乾水分,再放入鍋內,並用橡皮刮刀攪拌至吉利丁片完全融化。

➡ 攪拌時,須注意鍋邊也要刮到,質地才會均勻細緻。

5 將做法 ② 的咖啡可可液攪勻,再倒入鍋內,用橡皮刮刀攪拌均勻,即成**摩卡奶酪液**。

➡ 咖啡可可液靜置後,粉末狀的可可粉較會沉澱,因此倒入鍋內前必須再攪一下,才會均勻;而沾黏在容器上的咖啡可可液,也要刮乾淨。

6 將做法 ⑤ 整個容器放在冰塊水上降溫至冷卻,須適時地用橡皮刮刀攪動一下,好讓奶酪液均勻細緻。

➡ 冰鎮冷卻後,會呈現稍微濃稠感,用橡皮刮刀攪動時,會有輕微的阻力即可。

7 將摩卡奶酪液平均地倒入容器內,約八分滿,即可放入冰箱冷藏至凝固。

➡ 倒入容器內的奶酪液,可依個人喜好斟酌的分量。

8 依 p.22 及 p.23 的做法,將巧克力鮮奶油及焦糖夏威夷果仁製作完成。

➡ 可依個人喜好參考p.23的其他「堅果類」。

9 將尖齒花嘴裝入擠花袋內,再用橡皮刮刀將巧克力鮮奶油裝入袋內,扭緊袋口後,在凝固的奶酪表面以旋轉方式擠出鮮奶油,再放些適量的焦糖夏威夷果仁即可。

➡ 奶酪表面的擠花樣式,可隨個人喜好擠製。

太妃奶酪佐蘋果凍

 參見 DVD 示範

這是一道適合餐後品嚐的精緻小品，
以法式甜點的概念製作：分量少、風味足，呈現多層次的口感特色。

參考分量
55 cc的容器約 **6** 杯

材料

搭配

蘋果凍	（請看 **p.26** 的材料）
巧克力鮮奶油	（請看 **p.22** 的材料）

太妃奶酪

吉利丁片	1又 **1/2** 片
動物性鮮奶油	**60** 克
細砂糖	**70** 克
水	**20** 克
鮮奶	**100** 克

做法

1 依 p.26 的材料及做法，將蘋果凍製作完成。

➡ 將蘋果凍冰鎮冷卻後，呈現稍微濃稠感，顆粒與糖漿較能均勻融合。

2 將蘋果凍平均地倒入容器內，再放入冰箱冷藏至凝固。

➡ 倒入容器內的蘋果凍，可依個人喜好斟酌的分量。

3 太妃奶酪：容器內放入冰開水及冰塊，再將吉利丁片放入冰塊水內浸泡至軟化。

➡ 冰塊水須完全覆蓋吉利丁片，要確實泡軟。

4 將裝有動物性鮮奶油的容器，放在熱水中隔水加熱，並持續放在熱水上保持溫度。

➡ 注意熱水勿沸騰，將動物性鮮奶油先加熱，再倒入焦糖液內，才能避免溫差過大而讓焦糖液結粒。

5 將細砂糖及水一起放入鍋內，用小火加熱，細砂糖漸漸融化，成為沸騰的糖水。

➡ 加熱過程中，須適時輕輕地搖晃鍋子，使糖水受熱均勻。

6 接著糖水會漸漸上色，表面會佈滿大小泡沫。

➡ 煮焦糖時不要使用黃砂糖，以免在加熱過程中，誤判上色狀況。

7 當糖水的顏色會由淡淡的金黃色變成淺咖啡色即熄火，**焦糖液**即製作完成。

➡ 製作太妃奶酪的焦糖液，不需像p.78的焦糖布丁中的焦糖程度，顏色可稍微淺一點，味道才不會苦澀。

8 待焦糖液稍微穩定時，再分次慢慢倒入動物性鮮奶油。

➡ 倒入動物性鮮奶油時，焦糖的溫度仍很高，注意不要邊倒邊攪，應分次倒入，以免沸騰濺出。

9 倒完動物性鮮奶油後，用木匙或耐熱橡皮刮刀慢慢攪勻，**太妃醬**即製作完成。

➡ 注意鍋邊也要刮到，太妃醬質地才會均勻。

10 持續慢慢地攪動太妃醬，待稍微降溫後，再將鮮奶分次倒入鍋內，用木匙或耐熱橡皮刮刀攪勻。

➡ 剛煮好的太妃醬溫度非常高，須降溫後再倒入鮮奶，才能避免乳脂肪分離；如鍋內仍殘留少許的糖粒，只要利用溫度同時不斷攪動，即會融化。

11 將做法 ③ 泡軟的吉利丁片擠乾水分，再放入鍋內，並用橡皮刮刀攪拌至吉利丁片完全融化，即成**太妃奶酪液**。

➡ 攪拌時，須注意鍋邊也要刮到，質地才會均勻細緻。

12 將做法 ⑪ 整個容器放在冰塊水上降溫至冷卻，須適時地用橡皮刮刀攪動一下，好讓奶酪液均勻細緻。

➡ 冰鎮冷卻後，會呈現稍微濃稠感，用橡皮刮刀攪動時，會有輕微的阻力即可。

13 將太妃奶酪液平均地倒入已凝固的蘋果凍上，接著再放入冰箱冷藏至凝固。

➡ 倒入容器內的蘋果凍及太妃奶酪液的比例可依個人喜好斟酌調整。

14 依 p.22 的做法，將巧克力鮮奶油製作完成。

➡ 巧克力鮮奶油製作完成後，須持續放在冰塊水上冰鎮，才能確保硬挺質地。

15 再用橡皮刮刀將巧克力鮮奶油裝入袋內，扭緊袋口後，在凝固的奶酪表面以旋轉方式擠出鮮奶油即可。

➡ 奶酪表面的擠花樣式，可隨個人喜好擠製裝飾。

核桃太妃奶酪

 參見 DVD 示範

以液態的「核桃酪」為發想，製成固態的核桃奶酪，濃濃堅果香，搭配微苦香濃的太妃奶酪，兩種風味一起入口，耐人尋味！

參考分量
150 cc的容器約 5 杯

材料

核桃奶酪

吉利丁片	2 又 1/2 片
碎核桃	55 克
鮮奶	250 克
黃砂糖（二砂糖）	30 克
動物性鮮奶油	50 克
太妃奶酪	請看 p.146 的材料）

做　法

1 容器內放入冰開水及冰塊，再將吉利丁片放入冰塊水內浸泡至軟化。

➡ 冰塊水須完全覆蓋吉利丁片，要確實泡軟。

2 烤箱以上、下火 160℃ 預熱，將碎核桃烤約 10 分鐘左右，呈金黃色即可，待完全冷卻後，用料理機打成細末狀備用。

➡ 碎核桃不須刻意打成粉末狀，類似芝麻大小即可。

③ 將鮮奶及黃砂糖一起放入
鍋內，用小火邊加熱邊攪
拌，將黃砂糖煮至融化。

➡ 不要煮至沸騰，只要溫度達到
約40~50℃，可將吉利丁片及
黃砂糖融化的溫度即可，請
看p.14的說明。

④ 將做法 ② 的核桃末
倒入鍋內，用橡皮刮
刀攪勻即熄火。

➡ 將核桃末倒入熱鮮奶
內，可釋放油脂香氣。

⑤ 將動物性鮮奶油倒入鍋
內，用橡皮刮刀攪勻。

➡ 沾黏在容器上的動物性
鮮奶油，也要刮乾淨。

⑥ 將做法 ① 泡軟的吉利丁片
擠乾水分，再放入鍋內，並
用橡皮刮刀攪拌至吉利丁片
完全融化，即成**核桃奶酪液**。

➡ 攪拌時，須注意鍋邊也要刮
到，質地才會均勻細緻。

⑦ 將做法 ⑥ 整個容器放在冰
塊水上降溫至冷卻，須適
時地用橡皮刮刀攪動一下，
好讓奶酪液均勻細緻。

➡ 冰鎮冷卻後，會呈現稍微濃
稠感，可避免核桃末沉澱；
用橡皮刮刀攪動時，會有輕
微的阻力即可。

⑧ 將核桃奶酪液平均地
倒入容器內，約八分
滿，即可放入冰箱冷
藏至凝固。

➡ 倒入容器內的奶酪液，
可依個人喜好斟酌分
量。

⑨ 依 p.146 的做法，將**太
妃奶酪液**製作完成。

➡ 冰鎮冷卻後，會呈現稍
微濃稠感，用橡皮刮刀攪
動時，會有輕微的阻力即
可。

⑩ 將太妃奶酪液平均地倒
入已凝固的核桃奶酪上，
接著再放入冰箱冷藏至
凝固。

➡ 倒入容器內的核桃奶酪液
及太妃奶酪液的比例可依
個人喜好斟酌調整。

抹茶奶酪佐紅豆沙軟糕

確實需要多花點時間，製作軟綿可口的「紅豆沙軟糕」，
保證讓平凡又家常的「抹茶奶酪」，口感加分喔！

材料

吉利丁片	3 片
抹茶粉	1 大匙（約 6～8 克）
熱水	100 克
鮮奶	200 克
細砂糖	45 克
動物性鮮奶油	50 克

搭配

紅豆沙軟糕（請看 p.30 的材料）

做　法

1 容器內放入冰開水及
冰塊，再將吉利丁片
放入冰塊水內浸泡至
軟化。

➥ 冰塊水須完全覆蓋吉利
丁片，要確實泡軟。

2 抹茶粉放入容器內，熱
水分次加入，用小湯匙
攪勻，成為抹茶液備用。

➥ 不要一次將熱水全部倒
入，否則不易攪散。須儘量
將抹茶顆粒攪散融入熱水
中。

3 將鮮奶及細砂糖一起放入鍋內，用
小火邊加熱邊攪拌，將細砂糖煮至
融化即熄火。

➡ 不要煮至沸騰，只要溫度達到約
40~50℃，可將吉利丁片及細砂糖融
化的溫度即可，請看p.14的說明。

4 將做法 ① 泡軟的吉利丁
片擠乾水分，再放入鍋
內，並用橡皮刮刀攪拌
至吉利丁片完全融化。

➡ 攪拌時，須注意鍋邊也要
刮到，質地才會均勻細緻。

5 接著將做法 ② 的抹茶
液倒入鍋內，用橡皮
刮刀攪勻。

➡ 沾黏在容器上的抹茶
液，也要刮乾淨。

6 最後將動物性鮮奶油倒入
鍋內，用橡皮刮刀攪勻，
即成**抹茶奶酪液**。

➡ 須注意鍋邊也要刮到，質地
才會均勻細緻。

7 將抹茶奶酪液以篩網過
篩，並用橡皮刮刀按壓
篩網上的抹茶粒。

➡ 藉由過篩動作，可使之前
未攪散的抹茶更細緻。

8 將做法 ⑦ 整個容器放在
冰塊水上降溫至冷卻，須
適時地用橡皮刮刀攪動一
下，好讓奶酪液均勻細緻。

➡ 冰鎮冷卻後，會呈現稍微濃
稠感，用橡皮刮刀攪動時，會
有輕微的阻力即可。

9 將抹茶奶酪液平均地
倒入容器內，約八分
滿，即可放入冰箱冷
藏至凝固。

➡ 倒入容器內的奶酪液，可
依個人喜好斟酌的分量。

10 依 p.30 的做法，事先將紅豆
沙軟糕製作完成，凝固後切成
約 0.7 公分的小方丁，取適量
放在凝固的抹茶奶酪上。

➡ 紅豆沙軟糕可依個人喜好，切成
任何形狀。

雙味奶酪

任何水果風味的奶酪，幾乎都能與奶油乳酪（cream cheese）搭配提味，因此這道成品上方有如「蛋黃」的芒果奶酪，也可依個人喜好，換成其他口味喔！

做 法

1. 芒果奶酪：容器內放入冰開水及冰塊，再將吉利丁片放入冰塊水內浸泡至軟化。
   ➡ 冰塊水須完全覆蓋吉利丁片，要確實泡軟。

2. 將鮮奶、動物性鮮奶油及細砂糖一起放入鍋內，用小火邊加熱邊攪拌，將細砂糖煮至融化即熄火。
   ➡ 不要煮至沸騰，只要溫度達到約40~50℃，可將吉利丁片及細砂糖融化的溫度即可，請看p.14的說明。

3. 將做法 ① 泡軟的吉利丁片擠乾水分，再放入鍋內，並用橡皮刮刀攪拌至吉利丁片完全融化。
   ➡ 攪拌時，須注意鍋邊也要刮到，質地才會均勻細緻。

4. 待做法 ③ 降溫後，用橡皮刮刀將芒果果泥刮入鍋內，攪拌均勻。
   ➡ 這道的芒果果泥是選用進口的冷凍果泥製作，沾黏在容器上的果泥，也要刮乾淨。

5. 將做法 ④ 整個容器放在冰塊水上降溫後再倒入檸檬汁，即成**芒果奶酪液**，接著繼續隔冰塊水降溫至冷卻，須適時地用橡皮刮刀攪動一下，好讓奶酪液均勻細緻。
   ➡ 降溫後再加入芒果果泥及檸檬汁，可保有天然香氣及風味；冰鎮冷卻後，會呈現稍微濃稠感，用橡皮刮刀攪動時，會有輕微的阻力即可。

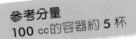
參考分量
100 cc的容器約 5 杯

材料

芒果奶酪

吉利丁片	1 又 1/2 片
鮮奶	125 克
動物性鮮奶油	50 克
細砂糖	20 克
芒果果泥	100 克
檸檬汁	5 克

奶油乳酪奶酪

奶油乳酪	45 克
吉利丁片	3 片
鮮奶	200 克
細砂糖	30 克
檸檬皮屑	1 小匙
七喜汽水（7UP）	150 克

6 將芒果奶酪液倒入半圓形的矽膠模內,接著冷凍至完全凝固。

➡ 利用矽膠烤模,將奶酪液冷凍凝固成半圓形,可用於甜點杯的夾心或裝飾。

7 奶油乳酪奶酪:奶油乳酪秤好後,放在室溫下回軟;依做法① 將吉利丁片泡軟備用。

➡ 冰塊水須完全覆蓋吉利丁片,要確實泡軟。

8 取鮮奶約 30~40 克與細砂糖及奶油乳酪一起放入鍋內,以隔水加熱方式將奶油乳酪攪散,成為均勻的乳酪糊。

➡ 融化奶油乳酪時,不可直接加熱,以免溫度過高而將乳酪煮乾;用橡皮刮刀以按壓的方式,將奶油乳酪儘量攪散融入鮮奶中。

9 奶油乳酪攪散後,再將煮鍋直接放在爐火上,接著將事先刨好的檸檬皮屑倒入鍋內攪勻。

➡ 也可改用柳橙皮屑增加風味。

10 將剩餘的鮮奶倒入鍋內,接著再開小火加熱,用耐熱橡皮刮刀攪勻。

➡ 須將濃稠的奶油乳酪與鮮奶確實攪勻。

11 將做法 ⑦ 泡軟的吉利丁片擠乾水分,再放入鍋內,並用橡皮刮刀攪至吉利丁片完全融化。

➡ 須注意鍋邊也要刮到,質地才會均勻細緻。

12 將做法 ⑪ 的液體以篩網過篩,並用橡皮刮刀按壓篩網上的乳酪粒。

➡ 藉由過篩動作,可使之前未攪散的乳酪更細緻。

13 將做法 ⑫ 整個容器放在冰塊水上降溫至冷卻,須適時地用橡皮刮刀攪動一下,好讓奶酪液均勻細緻。

➡ 冰鎮冷卻後,會呈現稍微濃稠感,用橡皮刮刀攪動時,會有輕微的阻力即可。

14 最後倒入七喜汽水,用橡皮刮刀輕輕攪勻,即成**奶油乳酪奶酪液**。

➡ 準備要加入七喜汽水時,再開罐秤出所需的用量。

15 將奶油乳酪奶酪液平均地倒入容器內,約八分滿,冷藏至凝固。

➡ 冷藏至液體尚未完全凝固時,即可放上芒果奶酪。

16 用手將矽膠模內的芒果奶酪往上翻出,即可取出凝固的芒果奶酪。

➡ 芒果奶酪必須完全冷凍變硬才能取出。

17 利用小刮刀或小湯匙鏟起芒果奶酪,直接放在奶油乳酪奶酪上。

➡ 奶油乳酪奶酪尚未完全凝固時,即須放上芒果奶酪,較易沾黏為一體;成品須放在冰箱冷藏室,待數分鐘後,凝固的芒果奶酪即會變軟,口感則與奶油乳酪奶酪一致。

紫米蓮子奶酪

 參見 **DVD** 示範

紫米的營養更勝於白米，特別是濃濃的紫紅色，足以讓奶酪呈現天然又討好的「賣相」；因此，別忘了在新鮮蓮子上市時，做這道養生又美味的奶酪喔！

參考分量
140 cc的容器約 5 杯

材料

紫米	50 克
水	500 克
吉利丁片	3 片
煮熟的蓮子	100 克
鮮奶	150 克
黃砂糖（二砂糖）	50 克
動物性鮮奶油	50 克

做　法

1 將紫米洗乾淨並瀝乾水分，加水 500 克浸泡約 1 小時。

➡ 紫米洗乾淨後，建議用細篩網將水分濾掉，再另外加500克的水量，較能精準控制水量。

2 將紫米連同浸泡的水，一起放入鍋內，用小火加熱。

➡ 鍋內的水尚未沸騰前，可用中小火加熱。

3 待鍋內的水沸騰後,繼續用小火加熱,同時必須適時地攪動,以免米粒黏鍋,約煮 10 分鐘後即熄火,接著靜置約 5 分鐘。

➡ 熄火後再靜置幾分鐘,可使紫米水更加香濃、色澤更深。

4 將煮好的紫米以細篩網過篩,可得到約 250 克的紫米水。

➡ 如不足250克的紫米水,則以冷開水補足分量;濾出的紫米可混在洗乾淨的白米中,煮成紫米飯,因此煮過的紫米仍有利用價值。

5 容器內放入冰開水及冰塊,再將吉利丁片放入冰塊水內浸泡至軟化。

➡ 冰塊水須完全覆蓋吉利丁片,要確實泡軟。

6 將煮熟的蓮子加鮮奶,用料理機快速絞打成綿細的**蓮子鮮奶糊**。

➡ 蓮子一定要煮至軟爛程度,再與鮮奶絞打成完全無顆粒的糊狀物,成品口感較好。

7 將做法 ④ 的紫米水及黃砂糖一起放入鍋內,用小火邊加熱邊攪拌,將黃砂糖煮至融化。

➡ 不要煮至沸騰,黃砂糖融化後開始放其他材料。

8 接著倒入動物性鮮奶油,用橡皮刮刀攪勻。

➡ 攪拌時,須注意鍋邊也要刮到,質地才會均勻細緻。

9 接著倒入做法 ⑥ 的蓮子鮮奶糊,用橡皮刮刀攪勻。

➡ 沾黏在容器上的蓮子鮮奶糊,也要刮乾淨。

10 繼續用小火加熱,同時用橡皮刮刀不停地攪動,完全均勻後即熄火。

➡ 稍微加熱一下,有助於蓮子鮮奶糊更加融入紫米水中;攪拌時,須注意鍋邊也要刮到,質地才會均勻細緻;不要煮至沸騰,只要溫度達到約40~50℃,可將吉利丁片融化的溫度即可,請看p.14的說明。

11 將做法 ⑤ 泡軟的吉利丁片擠乾水分,再放入鍋內,並用橡皮刮刀攪至吉利丁片完全融化,即成**紫米蓮子奶酪液**。

➡ 須注意鍋邊也要刮到,質地才會均勻細緻。

12 將做法 ⑪ 整個容器放在冰塊水上降溫至冷卻,須適時地用橡皮刮刀攪動一下,好讓奶酪液均勻細緻。

➡ 冰鎮冷卻後,會呈現稍微濃稠感,可避免泥狀物沉澱;用橡皮刮刀攪動時,會有輕微的阻力即可。

13 將紫米蓮子奶酪液平均地倒入容器內,約八分滿,即可放入冰箱冷藏至凝固。

➡ 倒入容器內的奶酪液,可依個人喜好斟酌的分量。

慕絲

　　慕絲（mousse）是氣泡（或泡沫）的意思，因此很多地方都會用到這個字眼，用於烘焙糕點時，則是指法式的慕絲甜點；此外，慕絲也可製成西式料理中鹹口味的開胃菜，非常爽口美味。慕絲甜點所呈現的氣泡組織與柔軟又滑順的特質，主要是得力於打發的鮮奶油所飽含的空氣，另外還必須加上軟化的吉利丁片，才會讓質地更富彈性與紮實。

　　因此成品的製作原則，就是將一份加熱過的醬汁（慕絲餡料）與打發的鮮奶油組合而成；舉凡新鮮水果、各式堅果、咖啡、巧克力或茶類……等諸多食材，都可調製成醬汁（慕絲餡料），因此，瞭解慕絲的基本做法之後，即可變換出各式各樣的慕絲口味。

慕絲的製作

製作原則 煮慕絲餡料（＋軟化的吉利丁片）＋打發的動物性鮮奶油

製作流程
浸泡吉利丁片→煮各式材料→加吉利丁片→成為慕絲餡料→降溫冷卻成濃稠狀→同時將動物性鮮奶油打發→拌合→成為慕絲糊→將慕絲糊倒入容器內→冷藏至凝固

第一部分 → 煮「慕絲餡料」

　　慕絲是冷藏凝固式甜點，不需烘烤即可將成品製作完成，但仍需將食材做好必要的加熱動作，好讓食材充分表現該有的風味；同時，透過加熱後的溫度，才能讓軟化的吉利丁片融於材料中。

　　將各式食材加上適量的糖分、各式液體或提味材料（例如：新鮮果汁、檸檬皮屑、酒類）等，藉由加熱混合的過程，成為一份「有味道的綜合醬汁」，同時還要加上軟化的吉利丁片，當所有材料（除了動物性鮮奶油）全都混合後，就是所謂的「慕絲餡料」，到此，即完成慕絲的第一部分動作。

軟化「吉利丁片」

　　與任何冷藏凝固式甜點同樣的方式，在開始動手製作慕絲前，首先必須將所需的吉利丁片用冰開水（加冰塊）泡軟，然後再進行接下來的動作。如果製程較久或動作較慢時，必須將浸泡吉利丁片的整個容器放入冰箱內備用，以免容器內的冰塊水升溫，導致吉利丁片融化的後果，請看p.13「如何將吉利丁片泡軟？」

各式添加材料

　　在浸泡吉利丁片的同時，開始將食譜中的材料一一混合加熱，這個部分的加熱動作如同果凍製作，無非就是將液體及固態材料混合加熱至40~50℃，足以讓泡軟的吉利片順利融化的溫度。
在混合加熱之前，有些事前的準備工作必須做好。
◆需要打成細緻泥狀（或果汁）的新鮮水果，必須先用均質機（或料理機）絞打（如p.162「哈密瓜慕絲」及p.178「草莓慕絲」）。
◆需要先回溫的食材，秤好需要的用量並放在容器內，於室溫下靜置軟化（如p.188「盆栽慕絲」的奶油乳酪）。
　　當然有些材料，為了凸顯風味或保留香氣，則會避免加熱過程（如p.172「覆盆子乳酸慕絲」做法⑥的可爾必思），甚至會保留部分果汁在融化吉利丁片之後再加入（如p.163「哈密瓜慕絲」的做法⑦的哈密瓜汁）。

慕絲餡料的質地

　　當食譜中的所有材料（除了動物性鮮奶油）煮成「慕絲餡料」時，就須將整個鍋子或容器（裝有熱熱的慕絲餡料）放在冰塊水上降溫，直到慕絲餡料冷卻，並呈現濃稠的糊狀時，才能與打發的動物性鮮奶油（冰冰的）拌合均勻。

「慕絲餡料」為什麼要冷卻成濃稠的糊狀？

當慕絲餡料製作完成後，呈微溫的流質狀態，如果未加以冷卻，就與打發的鮮奶油拌合，其後果是會將打發的鮮奶油又化為液態，如此一來，慕絲成品就失去應有的輕盈柔軟的口感；因此必須隔冰塊水降溫成會流動的濃稠糊狀，其濃稠的質地與打發的動物性鮮奶油很接近，這樣才能順利拌合，注意慕絲餡料冰鎮後的質地如下：

◀**稠度均勻**：將裝有慕絲餡料的鍋子（或容器）放在冰塊水上降溫時，如同果凍液的降溫方式，都須適時地攪動一下，慕絲餡料的質地才會均勻細緻，否則停滯不動時，鍋邊及鍋底就會凝結成塊，將無法與打發的鮮奶油拌合均勻。

▶**稠度接近**：慕絲餡料冷卻後的質地要與打發的鮮奶油接近（請看p.159「動物性鮮奶油的打發程度」），都是呈現會滑動的濃稠狀，否則慕絲餡料是稀稀水水的，而打發的鮮奶油是充滿空氣的蓬鬆狀，兩項材料的比重差距過大，就難以拌合均勻。

「慕絲餡料」稠到變成坨狀，該怎麼辦？

如果放在冰塊水上降溫過度或忽略攪動時，慕絲餡料即可能凍成一坨坨的固態狀（圖1），有此現象時，則不能勉強地與打發鮮奶油拌合；補救的辦法則是將裝有慕絲餡料的整個鍋子（或容器）放在另一個鍋具上方（鍋內有加熱中的熱水）（圖2），利用熱氣懸空加熱（不要碰到熱水），讓凝結的慕絲餡料稍微軟化；但要注意，加熱時，一

①    ②

手拿著鍋具，另一手必須用橡皮刮刀慢慢地邊攪動，好讓慕絲餡料質地均勻，恢復成理想的稠度即可。

第二部分 → 打發「動物性鮮奶油」

　　慕絲似乎不像果凍、布丁及奶酪一般擁有很高的接受度，究其原因，大家都覺得慕絲的口感是「膩膩的」及「拋拋的」。怎麼去除這兩項缺點呢？很簡單！只要做到以下製作原則，絕對能讓慕絲變得很爽口、很柔和、很滑順。

去除「膩膩的」口感

　　製作慕絲時「打發的鮮奶油」是不可或缺的，它是慕絲口感好壞的關鍵，能讓成品質地鬆發綿細；因此製作慕絲時，絕對必須使用化口性佳的「動物性鮮奶油」，有關動物性鮮奶油，請看p.76的說明。

去除「拋拋的」口感

　　然而「打發的鮮奶油」飽含空氣的多寡，是必須正視的問題，因為將動物性鮮奶油打得過發或不足，都會有損慕絲的順口度；當鮮奶油打得過發時，表示成品內的空氣過多，組織即呈粗糙的孔洞狀，品嚐時，就如「吃空氣」般的不真實，就是所謂「拋拋的」口感。當然也應避免打發不足的狀態，否則就變成果凍式的慕絲成品，而失去慕絲應有的輕盈口感。因此，鮮奶油打發到恰到好處的程度是製作慕絲的最大重點。

動物性鮮奶油的打發程度

　　製作「打發的鮮奶油」時，只要將動物性鮮奶油直接用電動攪拌機攪打即可，不需添加任何糖分，打發的方式與要求如下：

◆開始要進行打發動作時，再從冰箱取出動物性鮮奶油，並秤出所需的用量，不可將秤好的鮮奶油久置室溫下，否則會影響鮮奶油的發泡性。

◆利用電動攪拌機由慢而快開始攪打，鮮奶油會慢慢出現泡沫。

◆持續攪打後，空氣拌入鮮奶油內，即會呈現異於液體狀的蓬鬆體積（不是原來的流質狀）。

◆在攪打時，必須將攪拌機沿著容器邊不停地轉圈，好讓每個部分都能均勻打到，直到鮮奶油從液態變成濃稠狀即須停止。

五、六分發的狀態

◆製作慕絲所需的「打發鮮奶油」，在容器內仍會滑動才算理想，打發程度約只有**五、六分發**；由於本書內的慕絲食譜，鮮奶油用量並不多，且在短時間內即能完成，因此不需隔冰塊水攪打；但事先可將準備盛裝鮮奶油的容器放在冰箱內保持冰冷狀態，要攪打時，再從冰箱取出容器，秤入鮮奶油所需用量，如此有助於將鮮奶油快速打發。

◆可用攪拌機（或橡皮刮刀）將鮮奶油舀起來，但仍會慢慢滴落下來，也就是說，當雙手左右搖晃容器時，鮮奶油會明顯滑動才行。

◆滴下來的打發鮮奶油會堆積厚度，不會立即消失。

①

②

◀打發後的鮮奶油不會滑動，非常硬挺，是應用在擠製鮮奶油花飾時所需，不適用於製作慕絲。

▶打發後的鮮奶油不會滑動，質地非常粗糙，甚至呈現油水分離現象（上層是乳脂肪，下層是水分），有此狀況時，即算是失敗的打發鮮奶油，完全不堪使用。

補救方式

萬一疏忽而將鮮奶油打成如圖①的狀態，但還不至於像圖②的分離狀時，則有以下的補救方式。

③

◀在打發的鮮奶油中，酌量再加些未打過的鮮奶油，然後再用橡皮刮刀慢慢攪勻，即會讓過發的鮮奶油消除部分空氣；最後要與慕絲餡料拌合時，只要取出食譜所需的打發鮮奶油用量即可，而剩餘的打發鮮奶油須立即冷藏，可另做其他用途。

▶將上述的「慕絲餡料」隔冰塊水冷卻時，不要太過濃稠，只要確定「慕絲餡料」已完全冷卻時，即可與打發的鮮奶油拌合，如此一來，會讓過發的鮮奶油稍微減弱蓬鬆度。但要注意的是，如上述p.158「稠度接近」問題……當鮮奶油過發、慕絲餡料過稀時，是很難拌合均勻的，因此必須使用攪拌器，即能將二種質地不一樣的材料順利拌勻。

④

最後 → 將「打發的鮮奶油」與「慕絲餡料」拌合

在整個製程中，如果確實掌握好各個細節，就能順利完成一個完美的慕絲成品；當「慕絲餡料」在隔冰塊水降溫冷卻的同時，即開始進行打發鮮奶油的工作，雙管齊下時，別忘了，須適時地攪動「慕絲餡料」，才不會疏忽，而導致慕絲餡料冰鎮過度而凝結。

為了能將「打發的鮮奶油」與「慕絲餡料」順利拌勻，最好將打發鮮奶油分次拌入，如此更能讓兩種屬性不同的材料融合均勻。

◆首先取打發的鮮奶油約1/3的分量，倒入慕絲餡料內，用橡皮刮刀從容器底部慢慢地翻起攪拌，當兩種糊狀材料混在一起，稍微均勻後，比重就會與剩餘的打發鮮奶油更加接近。

◆接著再將剩餘的打發鮮奶油全部倒入慕絲餡料內，繼續用橡皮刮刀拌勻即可。

◆如果食譜所需的打發鮮奶油用量不多時,則可一次全部倒入慕絲餡料內拌勻,不需分次拌合,如p.173「覆盆子乳酸慕絲」做法⑧。

◆「打發的鮮奶油」與「慕絲餡料」順利拌勻後,就是尚未凝固的「慕絲糊」。

「慕絲糊」倒入容器內的方式

　　慕絲食譜中,不同屬性的材料,其凝結溫度會有差距,甚至當「打發的鮮奶油」與「慕絲餡料」拌合時的環境溫度,也會影響「慕絲糊」的凝結速度,因此有時在分裝倒入容器內時,慕絲糊的質地會越來越稠。

　　為了能將慕絲糊順利且方便地倒入容器內,請參考以下方式:

◆如果「慕絲糊」的質地流性很好,則可將慕絲糊直接倒入容器內。

◆如果「慕絲糊」的質地非常濃稠,幾乎無法流動時,則可將慕絲糊裝入擠花袋內(或塑膠袋內),然後在袋子尖處剪一個洞口,再慢慢擠入容器內。

◆如果盛裝「慕絲糊」的容器口徑很小,也需利用擠的方式,擠入慕絲糊較方便。

◆如果「慕絲糊」內含配料,則可用湯匙舀入容器內。

哈密瓜慕絲佐原味優格

清甜的哈密瓜製成綿細的慕絲，
淡淡的果香、宜人的奶味，夏日的首選甜品。

參考分量
100 cc的容器約 **6** 杯

材料

吉利丁片	3 又 1/2 片
哈密瓜果肉	200 克（不含汁液）
哈密瓜汁	50 克
細砂糖	25 克
檸檬汁	1 小匙
動物性鮮奶油	100 克

搭配
原味優格　　　　　　　　　適量

做 法

1 容器內放入冰開水及冰塊，再將吉利丁片放入冰塊水內浸泡至軟化。

➡ 冰塊水須完全覆蓋吉利丁片，要確實泡軟。

2 哈蜜瓜果肉切成小塊，連同哈密瓜汁放入均質機內攪打，成無顆粒狀又細緻的哈密瓜汁。

➡ 切割哈蜜瓜時，會滲出很多汁液，秤出材料中需要的50克即可。

3 取做法 ② 哈密瓜汁
約 100 克，連同細
砂糖放入煮鍋內。

➡ 保留部分的哈密瓜汁
不用加熱，較能保有
天然的風味與香氣。

4 接著開小火邊加熱邊攪拌，
將細砂糖煮到融化即熄火。

➡ 不要煮至沸騰，只要溫度達到
約40~50℃，可將吉利丁片融化
的溫度即可，請看p.14的說明。

5 將做法 ① 泡軟的吉利丁片擠乾
水分，再放入鍋內，用橡皮刮
刀攪至吉利丁片完全融化。

➡ 須注意鍋邊也要刮到，質地才會均
勻細緻。

6 接著將檸檬汁倒入
鍋內，用橡皮刮刀
攪勻。

➡ 也可改用柳橙汁提
升風味。

7 將剩餘的哈蜜瓜汁全部倒
入鍋內，用橡皮刮刀攪均，
慕絲餡料即製作完成。

➡ 沾黏在容器上的哈蜜瓜汁也
要刮乾淨；做法⑥鍋內的液
體尚有餘溫時，即可倒入剩
餘的哈蜜瓜汁。

8 將做法 ⑦ 整個容器放在冰
塊水上降溫至冷卻，同時
用橡皮刮刀慢慢攪動慕絲
餡料。

➡ 慕絲餡料以冰塊水降溫至冷
卻，呈現稍微濃稠感，請看
p.157「慕絲餡料的質地」。

9 將動物性鮮奶油攪打至五、六分發左
右，取約 1/3 的分量倒入做法 ⑧ 的
慕絲餡料內，稍微攪勻。

➡ 「動物性鮮奶油的打發程度」與「將
打發的鮮奶油與慕絲餡料拌合」，請看
p.159~161的說明。

10 再將剩餘的打發鮮奶油全部
倒入做法 ⑨ 內，用橡皮刮刀
攪勻，即成**哈蜜瓜慕絲糊**。

➡ 拌合鮮奶油的方式，請看p.160
的「將打發的鮮奶油與慕絲餡
料拌合」。

11 將慕絲糊平均地倒入
容器內，約七、八分
滿，冷藏約 3 個小時
至凝固。

➡ 慕絲糊倒入容器內的方
式，請看p.161的說明。

12 將適量的原味優格淋在凝
固的慕絲表面；用挖球器
將哈密瓜挖成球形，鋪排
在凝固的慕絲上即可。

➡ 挖成球形的哈密瓜是材料
（200克）以外的分量，慕絲
表面的裝飾可隨個人喜好
做變化。

哈密瓜

外皮較厚的網狀哈密瓜，
無論紅色或綠色果肉，都
是香甜又多汁：建議選用
熟透的哈密瓜來製作各式冷
點，其香氣、甜度及綿軟質地，
較能凸顯成品的風味。

栗子慕絲

甜蜜的栗子慕絲，以杯子盛裝，省略了繁複講究的製程，
但綿細順口的滋味，完全不亞於經典的蒙布朗（Mont Blanc）。

參考分量
30 cc的容器約 6 杯

材料
夾心
原味圓餅（手指餅乾）
（請看 p.26 的材料）

糖漬栗子	250 克

栗子慕絲

吉利丁片	1 又 1/2 片
鮮奶	100 克
細砂糖	45 克
無糖栗子泥	200 克
香橙酒	1/2 小匙
動物性鮮奶油	100 克

搭配

糖漬栗子	適量
杏仁粒薄片（請看 p.28 的材料）	

做 法

1 依 p.27 的做法 ①~⑥ 及 ⑨，將原味
圓餅製作完成，將圓餅放入容器內；
依 p.15 的做法，將酒糖液製作完成，
用刷子沾取適量酒糖液刷在圓餅上
備用。

➡ 請看 p.15「為何要在蛋
糕體上刷酒糖液？」。

2 將糖漬栗子切成小塊，取
適量放入圓餅上備用。

➡ 可依個人的喜好，增減糖漬栗
子的分量。

3 容器內放入冰開水及冰塊，
再將吉利丁片放入冰塊水
內浸泡至軟化。

➡ 冰塊水須完全覆蓋吉利丁
片，要確實
泡軟。

4 將鮮奶及細砂糖分別倒入同一個鍋內。

➡ 如材料中的栗子泥具甜度，則須將細砂糖減量製作。

5 將無糖栗子泥倒入鍋內，先用橡皮刮刀攪散，再開小火加熱，同時邊攪拌，直到細砂糖融化即熄火。

➡ 將鍋內的栗子泥先攪散再開火，可快速將栗子泥融入鮮奶中；不要煮至沸騰，只要鮮奶溫度達到約40~50℃，可將吉利丁片融化的溫度即可，請看p.14的說明。

6 將香橙酒倒入鍋內，用橡皮刮刀攪勻。

➡ 也可改用蘭姆酒增加香氣與風味。

7 將做法 ③ 泡軟的吉利丁片擠乾水分，再放入鍋內，並用橡皮刮刀攪至吉利丁片完全融化，慕絲餡料即製作完成。

➡ 攪拌時，須注意鍋邊也要刮到，質地才會均勻細緻。

8 將做法 ⑦ 整個容器放在冰塊水上降溫至冷卻，同時用橡皮刮刀慢慢攪動慕絲餡料。

➡ 慕絲餡料以冰塊水降溫至冷卻，呈現稍微濃稠感，請看p.157「慕絲餡料的質地」。

9 將動物性鮮奶油攪打至五、六分發左右，取約 1/3 的分量倒入做法 ⑧ 的慕絲餡料內，稍微攪勻。

➡ 「動物性鮮奶油的打發程度」與「將打發的鮮奶油與慕絲餡料拌合」，請看p.159~161的說明。

10 再將剩餘的打發鮮奶油全部倒入做法 ⑨ 內，用橡皮刮刀攪勻，即成**栗子慕絲糊**。

➡ 拌合鮮奶油的方式，請看p.160的「將打發的鮮奶油與慕絲餡料拌合」。

11 用橡皮刮刀將慕絲糊裝入擠花袋（或塑膠袋）內，在袋子尖處剪一個洞口，再慢慢擠入做法 ② 的容器內，約五分滿。

➡ 慕絲糊倒入容器內的方式，請看p.161的說明。

12 接著將一片原味圓餅放入慕絲糊上，並用刷子沾取適量酒糖液刷在圓餅上。

➡ 做法⑩的慕絲糊呈濃稠狀，因此可直接放上圓餅不至於下沉。

13 再將剩餘的慕絲糊擠在圓餅表面，約七、八分滿，冷藏約 3 個小時至凝固。

➡ 慕絲糊擠好後，可利用小湯匙將慕絲糊表面稍微抹平。

14 將糖漬栗子切成小塊，取適量放入凝固的慕絲表面，並依 p.28 的做法，將杏仁粒薄片製作完成，放在表面做裝飾。

➡ 也可依個人喜好，參考p.26利用其他的「餅乾類」做裝飾。

無糖栗子泥
為法國的罐頭製品，呈咖啡色的泥狀，除了無糖栗子泥外，也可買到含糖的栗子泥；因此使用前必須先確認清楚，才能自行斟酌將材料中的糖分做適度增減。

提拉米蘇

提拉米蘇（Tiramisu）是義大利知名的家常甜點，主食材是馬斯卡邦起士（Mascarpone cheese），還有浸在Marsala咖啡酒糖液的手指餅乾，也絕不可省略；酒香加上咖啡香，摻在濃郁奶味中，夢幻滋味缺一不可，其軟滑輕盈的口感得力於不加任何凝固劑，這是重點喔！

參考分量
145 cc的容器約 5 杯

材料

手指餅乾（請看 p.26 的材料）	
蛋黃	40 克（約 2 個）
細砂糖	20 克
卡魯哇咖啡酒（Kahlua）	20 克
馬斯卡邦起士	180 克
動物性鮮奶油	120 克
義式濃縮咖啡（espresso）	40 克
卡魯哇咖啡酒	80 克

搭配

無糖可可粉（篩成品表面）

做 法

1 依 p.27 的做法，將手指餅乾製作完成。

➡ 手指餅乾除自行製作外，也可在一般烘焙材料店購買。

2 將蛋黃與細砂糖分別放在同一個容器內。

➡ 蛋黃與細砂糖放在一起時，須立即攪散，不可放置過久，以免蛋黃結粒。

3 將做法 ② 的容器放在熱水上，以隔水加熱方式，用攪拌器邊加熱邊攪拌。

➡ 隔水加熱時，須適時地將容器離開熱水，以免將蛋黃燙熟結粒。

4 做法 ③ 的蛋黃持續加熱時，要不停地攪拌，直到蛋黃顏色變淡、質地變稠即可。

➡ 裝蛋黃的容器儘量比裝熱水的鍋具稍大，即可避免直接接觸熱水，靠蒸氣加熱，蛋黃較不會燙熟結粒。

5 接著倒入卡魯哇咖啡酒，再用攪拌器攪勻。

➡ 以坊間較容易買到的卡魯哇咖啡酒來製作，如能買到Marsala酒，則以等量替換，更能呈現經典風味的提拉米蘇；材料中的酒量可依個人口味做增減。

6 當咖啡酒加完並攪勻後，蛋黃液的質地會變稀。

➡️ 須適時地離開熱水，應避免在滾燙的熱水上持續加熱。

7 接著將做法⑥的蛋黃液，繼續隔熱水邊加熱邊攪拌，直到成為撈起再滴落下來會呈堆積狀的濃稠蛋黃糊，即可離開熱水。

➡️ 如果希望製成較挺的提拉米蘇，則可省略做法⑦的動作，只要在做法⑥加完咖啡酒後，接著加入2片軟化的吉利丁片，即是一般慕絲的做法。

8 將做法⑦的蛋黃糊隔冰塊水降溫冷卻，冰鎮約十幾分鐘後，原本較稀的質地變成不太會流動的濃稠狀即可。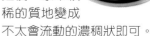

➡️ 蛋黃糊變稠後更容易與打發的鮮奶油拌勻；在冰鎮的同時開始將手指餅乾做浸泡的動作。

9 將義式濃縮咖啡與卡魯哇咖啡酒混合，即成**咖啡酒糖液**；將手指餅乾以咖啡酒糖液浸濕後，再鋪排在容器底部。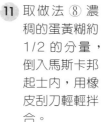

➡️ 以義式濃縮咖啡製作，風味較佳，如無法自行製作時，建議事先在咖啡店購買，否則只能以即溶咖啡粉沖泡成較濃的咖啡液來製作。

10 將動物性鮮奶油打發至不會流動的狀態。

➡️ 蛋黃糊內未加吉利丁片，因此須將動物性鮮奶油打至鬆發狀，成品質地才會呈現軟滑的糕狀；鮮奶油打發後，先放入冷藏室備用。

11 取做法⑧濃稠的蛋黃糊約1/2的分量，倒入馬斯卡邦起士內，用橡皮刮刀輕輕拌合。

➡️ 拌合後的質地不會流動。

12 接著再將剩餘的蛋黃糊全部倒入，繼續用橡皮刮刀輕輕拌勻。

➡️ 馬斯卡邦起士與蛋黃糊全部拌勻後，質地稍微變稀。

13 將做法⑩的打發鮮奶油全部倒入做法⑫的混合料內，繼續用橡皮刮刀輕輕拌勻，即成**馬斯卡邦蛋奶糊**。

➡️ 橡皮刮刀從容器底部翻起拌合，另一手同時配合轉動容器的動作，最後拌好的質地不太會流動。

14 將馬斯卡邦蛋奶糊倒入做法⑨的容器內，約五分滿。

➡️ 做完這個動作後，須接著將裝有馬斯卡邦蛋奶糊的容器放在冰塊水上冰鎮，以免質地變稀。

15 接著將浸泡過咖啡酒糖液的手指餅乾，鋪在做法⑭馬斯卡邦蛋奶糊的表面。

➡️ 要將手指餅乾放入容器內時，再一一浸入咖啡酒糖液內，不要事先將手指餅乾全部浸濕，以免軟爛不方便裝入容器內；手指餅乾吸收咖啡酒糖液的濃郁香氣，造就濃醇的口感，因此建議以任何容器製作時，都要鋪放2層，成品風味較佳。

16 最後再將剩餘的馬斯卡邦蛋奶糊填滿，並用小抹刀將表面抹平，冷藏約3個小時至凝固，即可篩上無糖可可粉。

➡️ 製作完成後，須冷藏數小時，質地會更加融合密實。

馬斯卡邦起士

是軟質新鮮乳酪的一種，質地呈白色糕狀，乳脂肪含量高，具香純奶味，是製作提拉米蘇的主食材；也可加入蜂蜜或糖漿，調成各式沾醬，須冷藏存放，但不可冷凍，以免質地改變，影響口感風味。

手指餅乾

是市售的進口產品，與自行製作的手指餅乾相較，質地偏硬，因此需要吸收更多的酒糖液，才能凸顯提拉米蘇的醉人風味；製作時，可依據個人所使用的容器，裁切出適當的長度即可。

太妃摩卡慕絲佐焦糖核桃

參見 **DVD** 示範

太妃、摩卡加上焦糖核桃，組合成無敵的超濃香氣，這應該是成人的滋味！苦中帶甘，香中帶醇，完全來自於柔和的鮮奶油，這就是慕絲最耐人尋味之處，讓味蕾有轉圜的空間。

參考分量
120 cc的容器約 **4** 杯

材料

搭配

巧克力醬（請看 **p.21** 的材料）
焦糖核桃（請看 **p.23** 的材料）

太妃摩卡慕絲

吉利丁片	2 片
鮮奶	55 克
即溶咖啡粉	5 克
無糖可可粉	5 克
動物性鮮奶油	60 克
細砂糖	70 克
水	20 克
動物性鮮奶油	150 克

做法

1 依 p.21 的做法，將巧克力醬製作完成。

➡ 巧克力製作完成後，靜置冷卻，保持流質狀態。

2 將巧克力醬慢慢倒入容器內，厚度約0.5公分。

➡ 可依個人喜好，斟酌巧克力醬的分量。

3 將容器慢慢傾斜，好讓巧克力醬流瀉附著在容器邊緣。

➡ 旋轉至不同角度的傾斜動作，即能呈現彎曲的紋路；或用刷子沾些巧克力醬，隨興刷在容器邊緣裝飾。

4 依 p.23 的做法，將焦糖核桃製作完成。

➡ 也可依個人喜好，參考p.23製作方式，將核桃改成其他堅果。

5 太妃摩卡慕絲：容器內放入冰開水及冰塊，再將吉利丁片放入冰塊水內浸泡至軟化。

➡ 冰塊水須完全覆蓋吉利丁片，要確實泡軟。

6 將鮮奶加熱，再分別加入即溶咖啡粉及無糖可可粉，用湯匙調勻，成為**咖啡可可鮮奶**備用。

➡ 如無糖可可粉有結粒現象，使用前須先過篩。

7 依 p.147 的做法 ④~⑨，將太妃醬製作完成。

➡ 注意鍋邊也要刮到，太妃醬質地才會均勻。

8 待沸騰的太妃醬稍稍穩定後，再將做法 ⑥ 的咖啡可可鮮奶倒入鍋內，用橡皮刮刀攪勻。

➡ 沾黏在容器內的咖啡可可鮮奶，也必須刮乾淨。

9 將做法 ⑤ 泡軟的吉利丁片擠乾水分，再放入鍋內，並用橡皮刮刀攪至吉利丁片完全融化，慕絲餡料即製作完成。

➡ 攪拌時，須注意鍋邊也要刮到，質地才會均勻細緻。

10 將做法 ⑨ 整個容器放在冰塊水上降溫至冷卻，同時用橡皮刮刀慢慢攪動慕絲餡料。

➡ 慕絲餡料以冰塊水降溫至冷卻，呈現稍微濃稠感，請看p.157「慕絲餡料的質地」。

11 將動物性鮮奶油攪打至五、六分發左右，取約 1/3 的分量倒入做法 ⑩ 的慕絲餡料內，稍微攪勻，再將剩餘的打發鮮奶油全部倒入，用橡皮刮刀攪勻，即成**太妃摩卡慕絲糊**。

➡ 「動物性鮮奶油的打發程度」與「將打發的鮮奶油與慕絲餡料拌合」，請看p.15~161的說明。

12 用橡皮刮刀將慕絲糊裝入擠花袋（或塑膠袋）內，在袋子尖處剪一個洞口，再慢慢擠入做法 ③ 的容器內，約五分滿。

➡ 慕絲糊倒入容器內的方式，請看p.161的說明。

13 取適量的做法 ④ 的焦糖核桃，倒入做法 ⑫ 的慕絲糊上。

➡ 做法 ⑫ 的慕絲糊呈濃稠狀，因此可直接放上焦糖核桃不至於下沉。

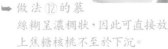

14 再將剩餘的慕絲糊平均地擠入焦糖核桃上，至十分滿。

➡ 慕絲糊倒入容器內的方式，請看p.161的說明。

15 再用小抹刀將太妃摩卡慕絲表面抹平，冷藏約 3 個小時至凝固。

➡ 抹平前，不需刻意敲容器震出多餘的氣泡，以免焦糖核桃沉入慕絲糊內。

16 將做法 ① 剩餘的巧克力醬倒在凝固的慕絲表面，再用小抹刀將巧克力醬輕輕地抹平。

➡ 可利用擠花袋、塑膠袋或小湯匙，將巧克力醬擠在（舀在）凝固的慕絲表面。

17 待慕絲表面的巧克力醬冷藏凝固後，再撒上焦糖核桃及覆盆子裝飾即可。

➡ 也可依個人喜好，參考其他的配料或新鮮水果做裝飾。

藍莓慕絲 佐 沙巴勇

所謂沙巴勇（sabayon），是一種源自於義大利的蛋酒醬汁，是由蛋黃、白酒（或香檳、香甜酒）及細砂糖等，隔水加熱至 80℃ 左右，而成濃稠的乳沫狀；通常用來搭配水果或蛋糕一起食用，亦可當作海鮮類料理的醬汁。將沙巴勇與軟滑慕絲及多種新鮮水果搭配後，釋放出淡淡酒香及清甜的滋味，非常可口喔！

參考分量
220 cc的容器約 5 杯

材料

藍莓慕絲

吉利丁片	1 又 1/2 片
鮮奶	150 克
細砂糖	40 克
切達乳酪	2 片
香草莢	1/2 根
新鮮藍莓	80 克
動物性鮮奶油	100 克

沙巴勇

細砂糖	40 克
白葡萄酒	30 克
香橙酒	30 克
蛋黃	2 個（35~40 克）

搭配

藍莓、覆盆子、奇異果丁、柳橙　　　　　　各 50 克

杏仁粒薄片

（請看 p.28 的材料）

做法

1 藍莓慕絲：容器內放入冰開水及冰塊，再將吉利丁片放入冰塊水內浸泡至軟化。

➡ 冰塊水須完全覆蓋吉利丁片，要確實泡軟。

2 鮮奶及細砂糖分別倒入同一個鍋內，並將鍋子放在另一個有加水的鍋中，準備以隔水方式來加熱；接著將切達乳酪撕成小塊倒入鍋中。

➡ 以隔水方式加熱，可避免融化切達乳酪的溫度過高，而造成乳脂肪分離現象。

3 用小刀將香草莢剖開，取出香草莢內的黑籽，連同香草莢外皮，一起放入鍋內加熱。

➡ 有關香草莢的使用，請看 p.77 的說明。

4 接著開小火加熱，同時邊攪拌直到切達乳酪及細砂糖融化即熄火。

➡ 邊加熱邊攪拌，有助於切達乳酪及細砂糖快速融化；不要煮至沸騰，只要鮮奶溫度達到約40~50℃，可將吉利丁片融化的溫度即可，請看 p.14 的說明。

5 將做法 ① 泡軟的吉利丁片擠乾
水分，再放入鍋內，並用橡皮
刮刀攪至吉利丁片完全融化。

➡ 攪拌時，須注意鍋邊也要刮到，質
地才會均勻細緻。

6 將做法 ⑤ 整個容器放在冰塊水上降
溫至冷卻，同時用橡皮刮刀慢慢攪
動慕絲餡料，並將香草莢取出丟棄。

➡ 慕絲餡料以冰塊水降溫至冷卻，呈現
稍微濃稠感，請看p.157「慕絲餡料的
質地」。

7 將新鮮藍莓洗乾淨，並用廚房
紙巾擦乾水分，再倒入慕絲餡
料內。

➡ 新鮮藍莓沒有加熱，藍莓慕絲較能
保有自然的香氣及風味。

8 用均質機將鮮奶中的藍莓打碎，慕
絲餡料即製作完成。

➡ 只要將藍莓打碎即可，不需刻意打成細
緻的泥狀；也可事先將藍莓打碎，在此
步驟倒入拌勻。

9 將動物性鮮奶油攪打至五、六分發左
右，分2次倒入做法 ⑧ 的慕絲餡料內，
用橡皮刮刀攪勻，即成**藍莓慕絲糊**。

➡ 「動物性鮮奶油的打發程度」與「將
打發的鮮奶油與慕絲餡料拌合」，請看
p.159~161的說明。

10 將慕絲糊平均地倒入容器
內，約五分滿，冷藏約3個
小時至凝固。

➡ 慕絲糊倒入容器內的方式，請
看p.161的說明。

11 沙巴勇：將細砂糖、白葡萄酒、香橙酒
及蛋黃分別倒入同一個鍋內，並將鍋
子放在另一個有加水的鍋中，以隔水
方式來加熱。

➡ 以隔水加熱方式來製作沙巴勇，才能避免
蛋黃加熱過度而結粒。

12 接著開中小火加熱，同時須
用攪拌器不停地攪拌。

➡ 雖然是隔水加熱，但還是要不
停地攪拌，才能避免蛋黃加熱
過度而結粒。

13 持續加熱又攪拌，蛋黃糊的顏色會慢慢變
淺（乳白色）、質地會變稠、體積會變大，
蛋黃糊的溫度約達80℃，即成**沙巴勇**。

➡ 撈起蛋黃糊時，滴落下來會呈堆積狀，即達到
濃稠的要求；因雞蛋品種的關係，若蛋黃顏色
特別深，製成的沙巴勇顏色會較黃。

14 將做法 ⑬ 整個容器放在
冰塊水上降溫至冷卻，同
時須適時地攪動一下。

➡ 沙巴勇須冰鎮後，才適合倒
入新鮮水果上食用。

15 將藍莓、覆盆
子、奇異果丁
及柳橙倒入做
法 ⑩ 已凝固的
慕絲上，約八
分滿。
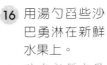

➡ 搭配沙巴勇的新鮮水果，可隨個
人喜好做變化，但儘量選用不易
出水的新鮮水果。

16 用湯勺舀些沙
巴勇淋在新鮮
水果上。
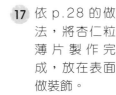

➡ 淋在新鮮水果
上的沙巴勇，可
隨個人喜好斟
酌分量，以能覆蓋水果為原則。

17 依 p.28 的做
法，將杏仁粒
薄片製作完
成，放在表面
做裝飾。

➡ 也可依個人喜
好，參考p.26的「餅乾類」做裝
飾。

覆盆子乳酸慕絲

不同屬性的酸味及氣味，往往能夠激盪出更美妙的口感滋味，
不嫌麻煩地製作出2種口味的慕絲，
不但增添風味，也更能提升視覺的效果。

參考分量
140 cc的容器約 **4** 杯

材料
夾心
OREO 巧克力餅乾 **45** 克
乳酸慕絲
吉利丁片　　　　　　 **1** 片
鮮奶　　　　　　　 **80** 克
細砂糖　　　　　　 **15** 克
可爾必思　　　　　 **50** 克
動物性鮮奶油　　　 **50** 克
覆盆子慕絲
吉利丁片　　　　　　 **1** 片
覆盆子果泥　　　　 **60** 克
細砂糖　　　　　　 **20** 克
香橙酒　　　　　 **1** 小匙
動物性鮮奶油　　 **100** 克
搭配
杏仁粒薄片
（請看 **p.28** 的材料）
覆盆子　　　　　　 數粒

做法

1 將OREO巧克力餅乾放入塑膠
袋內，用擀麵棍敲碎再擀壓成
細屑狀。
➡ OREO巧克力餅乾為市售產品，使
用前須將夾心奶油刮除。

2 取適量的巧克力餅乾屑舀入容器
內，高度約 0.5~0.8 公分。
➡ 放入餅乾屑之後，用手輕輕地左右搖
晃，即能將餅乾屑攤平。

3 乳酸慕絲：容器內放入冰開水及
冰塊，再將 2 片的吉利丁片（連
同覆盆子慕絲的吉利丁片）放入
冰塊水內浸泡至軟化。
➡ 冰塊水須完全覆蓋吉利丁片，要確
實泡軟。

4 將鮮奶及細砂糖分別倒入同一個鍋
內，用小火邊加熱邊攪拌，將細砂
糖煮至融化即熄火。
➡ 不要煮至沸騰，只要溫度達到約
40~50℃，可將吉利丁片及細砂糖融化
的溫度即可，請看p.14的說明。

5 將做法 ③ 泡軟的吉利丁片取出 1 片，擠乾水分再放入鍋內，並用橡皮刮刀攪拌至吉利丁片完全融化。

➡ 剩餘的1片吉利丁片仍須浸泡在冰塊水中，並放入冷藏室放置，以免吉利丁片久置室溫下而融化。

6 將可爾必思倒入鍋內，用橡皮刮刀攪勻，慕絲餡料即製作完成。

➡ 沾黏在容器上的可爾必思，也要刮乾淨。

7 將做法 ⑥ 整個容器放在冰塊水上降溫至冷卻，同時用橡皮刮刀慢慢攪動慕絲餡料。

➡ 慕絲餡料以冰塊水降溫至冷卻，呈現稍微濃稠感，請看 p.157「慕絲餡料的質地」。

8 將動物性鮮奶油（連同覆盆子慕絲的動物性鮮奶油共 150 克）打至五、六分發左右，再從中秤取出約 50 克，全部倒入做法 ⑦ 的慕絲餡料內，用橡皮刮刀攪拌均勻，即成**乳酸慕絲糊**。

➡ 須將剩餘的（約100克）打發鮮奶油持續放在冰塊水上（或冰箱內）冰鎮，以免化成液態狀。

9 將乳酸慕絲糊平均地倒入做法 ② 的餅乾屑上，約五分滿，接著冷藏約 1 小時至表層凝固。

➡ 慕絲糊倒入容器內的方式，請看p.161的說明。

10 覆盆子慕絲：將覆盆子果泥及細砂糖分別倒入同一個鍋內，用小火邊加熱邊攪拌，將細砂糖煮至融化即熄火。

➡ 不要煮至沸騰，只要溫度達到約40~50℃，可將細砂糖及吉利丁片融化的溫度即可，請看 p.14的說明。

11 將做法 ③ 泡軟的吉利丁片（剩餘的 1 片），擠乾水分，再放入鍋內，並用橡皮刮刀攪至融化。

➡ 須注意鍋邊也要刮到，質地才會均勻細緻。

12 將香橙酒倒入鍋內，用橡皮刮刀攪勻，慕絲餡料即製作完成。

➡ 也可改用蘭姆酒增加香氣與風味。

13 將做法 ⑫ 整個容器放在冰塊水上降溫至冷卻，同時用橡皮刮刀慢慢攪動慕絲餡料。

➡ 慕絲餡料以冰塊水降溫至冷卻，呈現稍微濃稠感，請看p.157「慕絲餡料的質地」。

14 將做法 ⑧ 剩餘的打發鮮奶油（約 100 克）分 2 次倒入做法 ⑬ 的慕絲餡料內，用橡皮刮刀攪勻，即成**覆盆子慕絲糊**。

➡ 拌合鮮奶油的方式，請看p.160的「將打發的鮮奶油與慕絲餡料拌合」。

15 將覆盆子慕絲糊平均地擠入做法 ⑨ 已凝固的乳酸慕絲上，至十分滿。

➡ 慕絲糊倒入容器內的方式，請看p.161的說明。只要乳酸慕絲的表層成爲固態狀（不黏手），即可接著擠入覆盆子慕絲糊。

16 再用小抹刀將覆盆子慕絲表面抹平，冷藏約 3 個小時至凝固。

➡ 抹平前，可將容器輕敲數下，以便震出多餘的氣泡。

17 依 p.28 的做法，將杏仁粒薄片製作完成，剝成小碎片後放在表面做裝飾。

➡ 也可依個人喜好，參考p.26的「餅乾類」做裝飾。

OREO巧克力餅乾
是市售的產品，為巧克力口味的夾心糖霜餅乾，除直接食用外，也可當作乳酪蛋糕或慕絲墊底用，只要將二片中的夾心糖霜取出，即可磨碎使用。

檸檬慕絲佐鮮果凍

水果製成的果凍，絕對能與任何水果風味的慕絲相匹配，雙重口感一次品嚐，有興趣的話，可從本書的五項單元中，混搭成各式的美味甜點杯。

參考分量
200 cc的容器約 4 杯

材料
鮮果凍
奇異果、藍莓及覆盆子
各 50 克
吉利丁片　　　1 又 1/2 片
冷開水　　　　　100 克
檸檬汁　　　　　10 克
細砂糖　　　　　25 克
香橙酒　　　　　1 小匙
檸檬慕絲
吉利丁片　　　1 又 1/2 片
冷開水　　　　　150 克
細砂糖　　　　　40 克
香橙酒　　　　　1/2 小匙
檸檬皮屑　　　　2 小匙
檸檬汁　　　　　15 克
動物性鮮奶油　　100 克
搭配
覆盆子醬
（請看 p.19 的材料）

做 法

1 鮮果凍：將奇異果切成約 1 公分的丁狀，連同藍莓及覆盆子平均地放入容器內備用。

➡ 可變換不同的新鮮水果，奇異果含有蛋白分解酵素，在果凍中經過一段時間，易出現化水現象，但不至於影響上層的檸檬慕絲；也可將奇異果丁倒入糖水中（做法 ③ 加熱，即可改善果凍化水狀況。

2 容器內放入冰開水及冰塊，再將吉利丁片放入冰塊水內浸泡至軟化。

➡ 冰塊水須完全覆蓋吉利丁片，要確實泡軟。

3 將冷開水、檸檬汁及細砂糖分別放入同一個鍋內，接著開小火加熱，同時邊攪拌直到細砂糖融化即熄火。

➡ 不要煮至沸騰，只要溫度達到約 40~50℃，可將吉利丁片融化的溫度即可，請看 p.14 的說明。

4 將做法 ② 泡軟的吉利丁片擠乾水分，再放入鍋內，並用橡皮刮刀攪至融化，最後將香橙酒倒入鍋內，用橡皮刮刀攪勻，即成**鮮果凍液**。

➡ 也可改用蘭姆酒增加香氣與風味。

5 將做法 ④ 整個容器放在冰塊水上降溫至冷卻，須適時地用橡皮刮刀攪動一下，好讓果凍液均勻細緻。

➡ 冰鎮冷卻後，會呈現稍微濃稠感，用橡皮刮刀攪動時，會有輕微的阻力即可。

6 將鮮果凍液平均地倒入做法 ① 的容器內，只要蓋到水果即可，接著放入冰箱冷藏至凝固。

➡ 倒入容器內的鮮果凍（新鮮水果及果凍液），可依個人喜好斟酌分量。

7 檸檬慕絲：依做法②將吉利丁片泡軟備用；將冷開水及細砂糖分別倒入同一個鍋內，開小火加熱，同時邊攪拌直到細砂糖融化。

➡ 不要煮至沸騰，只要溫度達到約40～50℃，可將吉利丁片融化的溫度即可，請看p.14的說明。

8 將香橙酒倒入鍋內，用橡皮刮刀攪勻即熄火。
➡ 也可改用蘭姆酒增加香氣與風味。

9 將事先刨好的檸檬皮屑及檸檬汁倒入鍋內，用橡皮刮刀攪勻。

➡ 檸檬皮屑及檸檬汁都須使用，才能凸顯慕絲風味。

10 將泡軟的吉利丁片擠乾水分，再放入鍋內，並用橡皮刮刀攪至融化。

➡ 須注意鍋邊也要刮到，質地才會均勻細緻。

11 將做法 ⑩ 的檸檬汁液體以篩網過篩，慕絲餡料即製作完成。

➡ 藉由過篩動作，濾掉檸檬皮屑，使成品的質地更加細緻。

12 將做法 ⑪ 整個容器放在冰塊水上降溫至冷卻，同時用橡皮刮刀慢慢攪動慕絲餡料。

➡ 慕絲餡料以冰塊水降溫至冷卻，呈現稍微濃稠感，請看p.157「慕絲餡料的質地」。

13 將動物性鮮奶油攪打至五、六分發左右，分２次倒入做法 ⑫ 的慕絲餡料內，用橡皮刮刀攪勻，即成**檸檬慕絲糊**。

➡ 「動物性鮮奶油的打發程度」與「將打發的鮮奶油與慕絲餡料拌合」，請看p.159～161的說明。

14 將慕絲糊平均地倒入做法 ⑥ 凝固的鮮果凍上，約八分滿，冷藏約３個小時至凝固。

➡ 慕絲糊倒入容器內的方式，請看p.161的說明。

15 依 p.19 的做法，將覆盆子醬製作完成，隔冰塊水冷卻後，再用湯匙取適量覆盆子醬淋在凝固的檸檬慕絲上，厚度約 0.2~0.3 公分，冷藏至凝固即可。

➡ 也可依個人喜好，改用p.18的「醬汁類」。

巧克力慕絲

 參見 **DVD** 示範

微苦又香濃的苦甜巧克力，製成任何甜點，均能散發醇厚的迷人滋味；以慕絲來說，當巧克力遇上多汁香甜的草莓，絕對能讓單純的巧克力慕絲，在口中蹦出更多驚喜。

參考分量
180 cc的容器約 **4 杯**

材料

夾心

可可圓餅	（請看 **p.27** 的材料）
酒糖液	（請看 **p.15** 的材料）
新鮮草莓	**4** 顆

巧克力慕絲

吉利丁片	**1** 片
鮮奶	**100** 克
細砂糖	**50** 克
苦甜巧克力	**100** 克
動物性鮮奶油	**100** 克

搭配

巧克力醬	（請看 **p.21** 的材料）
新鮮草莓	數顆

做 法

1. 依 p.27 的做法，將可可圓餅製作完成，將圓餅放入容器內；依p.15的做法，將酒糖液製作完成，用刷子沾取適量酒糖液刷在圓餅上備用。

➡ 請看p.15「為何要在蛋糕體上刷酒糖液？」。

2 草莓洗乾淨用廚房紙巾擦乾,將蒂頭切除後放一顆在圓餅上備用。

➡ 放入整顆的新鮮草莓較不易釋出汁液,而影響慕絲的凝固。

3 容器內放入冰開水及冰塊,再將吉利丁片放入冰塊水內浸泡至軟化。

➡ 冰塊水須完全覆蓋吉利丁片,要確實泡軟。

4 鮮奶及細砂糖倒入同一個鍋內,並將鍋子放在另一個有加水的鍋中,準備以隔水方式來加熱。

➡ 以隔水方式來加熱,可避免融化巧克力的溫度過高,而造成可可脂分離現象。

5 將苦甜巧克力倒入鍋內。

➡ 須用富含可可脂的苦甜巧克力來製作慕絲,口感較好;不同含量比例的可可脂均可,可依個人的喜好或方便選購製作。

6 接著開小火加熱,同時邊攪拌直到苦甜巧克力及細砂糖融化即熄火。

➡ 邊加熱邊攪拌,有助於鮮奶受熱均勻,苦甜巧克力及細砂糖快速融化;注意鮮奶的溫度不要超過約50℃,否則易出現可可脂分離現象。

7 將做法③泡軟的吉利丁片擠乾水分,再放入鍋內,並用橡皮刮刀攪至吉利丁片完全融化,慕絲餡料即製作完成。

➡ 攪拌時,須注意鍋邊也要刮到,質地才會均勻細緻。

8 完成後的巧克力慕絲餡料,應該呈現光滑細緻狀。

➡ 融化巧克力時,必須注意鮮奶的加熱溫度,萬一溫度過高,巧克力慕絲餡料即呈分離狀態,則會影響成品口感。

9 將做法⑧整個容器放在冷水上降溫至冷卻,同時用橡皮刮刀慢慢攪動慕絲餡料。

➡ 巧克力慕絲餡料內含可可脂,因此不要以冰塊水降溫,否則會在短時間內即凝結,有此狀況時,則不易與打發的鮮奶油拌合,只要確認已完全冷卻時,即須將鍋子離開冷水。

10 將動物性鮮奶油攪打至五、六分發左右,取約1/3的分量倒入做法⑨的慕絲餡料內,稍微攪勻,再將剩餘的打發鮮奶油全部倒入,用橡皮刮刀攪勻,即成**巧克力慕絲糊**。

➡ 「動物性鮮奶油的打發程度」與「將打發的鮮奶油與慕絲餡料拌合」,請看p.159~161的說明。

11 用橡皮刮刀將慕絲糊裝入擠花袋(或塑膠袋)內,在袋子尖處剪一個洞口,再慢慢擠入做法②的容器內,約七、八分滿,冷藏約3個小時至凝固。

➡ 慕絲糊倒入容器內的方式,請看p.161的說明。

12 依p.21的做法,將巧克力醬製作完成,待冷卻後,用湯匙取適量巧克力醬淋在凝固的巧克力慕絲上,厚度約0.2~0.3公分,冷藏至凝固,再放草莓裝飾即可。

➡ 巧克力醬具裝飾及提味效果,適量即可。

草莓慕絲

參見 **DVD** 示範

在眾多新鮮水果中，草莓絕對稱得上是「甜點中不可或缺的素材」，無論當作主食材，或僅是當成裝飾的配角而已，草莓均能發揮極大的功能；因此在草莓布丁及草莓奶酪之外，再嚐嚐看草莓慕絲，肯定有不同的口感體驗。

參考分量
100 cc的容器約 5 杯

材料

夾心

可可圓餅	（請看 p.27 的材料）
新鮮草莓（貼在容器邊）	約 80 克

草莓慕絲

吉利丁片	1 片
新鮮草莓	120 克
冷開水	20 克
細砂糖	40 克
香橙酒	1/2 小匙
動物性鮮奶油	100 克

搭配

巧克力醬	（請看 p.21 的材料）
新鮮草莓	5 顆（裝飾用）

做法

1 依 p.27 的做法，將可可圓餅製作完成；草莓洗乾淨用廚房紙巾擦乾水分，切成片狀貼在容器邊備用。

➡ 草莓切片後，儘量取大片的貼在容器邊，剩餘的小片草莓可用於慕絲餡料。

2 容器內放入冰開水及冰塊，再將吉利丁片放入冰塊水內浸泡至軟化。

➡ 冰塊水須完全覆蓋吉利丁片，要確實泡軟。

3 草莓切成小塊，與冷開水一起放入均質機內，打成無顆粒狀又細緻的草莓汁。

➡ 儘量切成小塊，即能快速打成果汁狀；除了用方便的均質機攪打外，也可利用食物料理機製作。

4 取草莓汁約 1/2 的分量，與細砂糖分別放入同一個鍋內。

➡ 只將部分草莓汁加熱，可確保風味不流失。

5 接著開小火加熱，同時邊攪拌直到細砂糖融化即熄火。

➡ 邊加熱邊攪拌，有助於草莓汁受熱均勻，細砂糖快速融化；不要煮至沸騰，只要溫度達到約40~50℃，可將吉利丁片融化的溫度即可，請看p.14的說明。

6 將香橙酒倒入鍋內，用橡皮刮刀攪勻。

➡ 也可改用蘭姆酒增加香氣與風味。

7 將做法 ② 泡軟的吉利丁片擠乾水分，再放入鍋內，並用橡皮刮刀攪至吉利丁片完全融化。

➡ 須注意鍋邊也要刮到，質地才會均勻細緻。

8 接著再將做法 ③ 剩餘的草莓汁倒入鍋內，用橡皮刮刀攪勻，慕絲餡料即製作完成。

➡ 沾黏在容器上的草莓汁，也要刮乾淨。

9 將做法 ⑧ 整個容器放在冰塊水上降溫至冷卻，同時用橡皮刮刀慢慢攪動慕絲餡料。

➡ 慕絲餡料以冰塊水降溫至冷卻，呈現稍微濃稠感，請看p.157「慕絲餡料的質地」。

10 將動物性鮮奶油攪打至五、六分發左右，分 2 次倒入做法 ⑨ 的慕絲餡料內，用橡皮刮刀攪拌均勻，即成**草莓慕絲糊**。

➡ 「動物性鮮奶油的打發程度」與「將打發的鮮奶油與慕絲餡料拌合」，請看p.159~161的說明。

11 用橡皮刮刀將慕絲糊裝入擠花袋（或塑膠袋）內，在袋子尖處剪一個洞口，再慢慢擠入做法 ① 的容器內，約四、五分滿。

➡ 慕絲糊倒入容器內的方式，請看p.161的說明。

12 將做法 ① 事先做好的可可圓餅，放一片在慕絲糊表面，並用手輕壓一下，好讓圓餅與慕絲糊緊密黏合。

➡ 做法⑪的慕絲糊呈濃稠狀，因此可直接放上圓餅不至於下沉。

13 依 p.15 的做法，將酒糖液製作完成，用刷子沾取適量酒糖液刷在圓餅上。

➡ 請看p.15「為何要在蛋糕體上刷酒糖液？」。

14 再將剩餘的慕絲糊擠在圓餅表面，約七、八分滿，冷藏約 3 個小時至凝固。

➡ 慕絲糊擠好後，將容器輕敲數下，震出多餘的氣泡，慕絲表面即會平整。

15 依 p.21 的做法，將巧克力醬製作完成，再裝入塑膠袋內，並在袋子尖處剪一小洞口，再將巧克力醬擠出交叉線條在凝固的慕絲表面，冷藏約 30 分鐘後，巧克力醬即會凝固，最後再放上一顆草莓裝飾即可。

➡ 巧克力醬質地稀軟，利用一般塑膠袋即可輕易擠出不同樣式；或利用小湯匙取出巧克力醬，直接淋在慕絲上；也可依個人喜好，改用p.18的「醬汁類」。

179

鳳梨椰奶慕絲

慕絲的美味之處，其中之一是來自於食材的搭配及運用，因此鳳梨利用椰奶提味，並以打發鮮奶油增香，如此一來，鳳梨的單薄滋味頓時加分不少。

參考分量
100 cc的容器約 **7** 杯

材料

鳳梨椰奶慕絲

吉利丁片	**3** 片
新鮮鳳梨果肉	**120** 克
細砂糖	**45** 克
椰奶	**100** 克
動物性鮮奶油	**100** 克

搭配

焦糖夏威夷果仁
（請看 **p.23** 的材料）

新鮮藍莓　　　　　　　適量

做法

1 容器內放入冰開水及冰塊，再將吉利丁片放入冰塊水內浸泡至軟化。

➡ 冰塊水須完全覆蓋吉利丁片，要確實泡軟。

2 鳳梨切成小塊，放入均質機內，打成無顆粒狀又細緻的鳳梨汁。

➡ 儘量切成小塊，即能快速打成果汁狀；除了用方便的均質機攪打外，也可利用食物料理機製作。

3 將鳳梨汁及細砂糖分別倒入同一個鍋內。

➡ 沾黏在容器上的鳳梨汁（及鳳梨泥），也要刮乾淨。

4 接著開小火邊加熱邊攪拌，將細砂糖煮至融化即熄火。

➡ 將鳳梨汁加熱至快要沸騰時即熄火，可去除酸澀味道，同時有助於成品凝結。

5 將椰奶倒入鍋內，用橡皮刮刀攪勻。

➡ 沾黏在容器上的椰奶，也要刮乾淨。

6 加完椰奶後，鍋內的液體溫度又再度下降，因此須再開小火加熱，直到溫度達到約40~50℃，可將吉利丁片融化的溫度即熄火。

➡ 加熱時，須用耐熱橡皮刮刀不停地攪動，受熱才會均勻。

7 將做法 ① 泡軟的吉利丁片擠乾水分，再放入鍋內，並用橡皮刮刀攪至吉利丁片完全融化，慕絲餡料即製作完成。

➡ 須注意鍋邊也要刮到，質地才會均勻細緻。

8 將做法 ⑦ 整個容器放在冰塊水上降溫至冷卻，同時用橡皮刮刀慢慢攪動慕絲餡料。

➡ 慕絲餡料以冰塊水降溫至冷卻，呈現稍微濃稠感，請看p.157「慕絲餡料的質地」。

9 將動物性鮮奶油攪打至五、六分發左右，取約 1/3 的分量倒入做法 ⑧ 的慕絲餡料內，稍微攪勻。

➡ 「動物性鮮奶油的打發程度」與「將打發的鮮奶油與慕絲餡料拌合」，請看p.159~161的說明。

10 再將剩餘的打發鮮奶油全部倒入做法 ⑨ 內，用橡皮刮刀攪勻，即成**鳳梨椰奶慕絲糊**。

➡ 拌合鮮奶油的方式，請看p.160的「將打發的鮮奶油與慕絲餡料拌合」。

11 將慕絲糊平均地倒入容器內，約八分滿，再將容器輕敲數下，以便震出多餘的氣泡，冷藏約 3 個小時至凝固。

➡ 慕絲糊倒入容器內的方式，請看p.161的說明。

12 依 p.23 的做法，將焦糖夏威夷果仁製作完成，稍微切碎後，取適量撒在已凝固的慕絲表面，並放上數粒新鮮藍莓裝飾。

➡ 也可依個人喜好，將夏威夷果仁改成其他堅果。

焦糖蘋果慕絲

甜中帶酸的蘋果，附著微苦的焦香，當成蘋果慕絲的配料，雖然裡外都是蘋果的單一口味，但卻呈現多層次的口感風貌，這就是焦糖的妙用之處。

參考分量
125 cc的容器約 **3** 杯

材料

蘋果慕絲

吉利丁片	2 片
蘋果果肉	100 克（去皮後）
冷開水	50 克
細砂糖	25 克
香橙酒	1/2 小匙
動物性鮮奶油	100 克

搭配→焦糖蘋果

細砂糖	30 克
水	10 克
無鹽奶油	5 克
蘋果丁	75 克

杏仁粒薄片（請看 p.28 的材料）

做法

1 容器內放入冰開水及冰塊，再將吉利丁片放入冰塊水內浸泡至軟化。

➡ 冰塊水須完全覆蓋吉利丁片，要確實泡軟。

2 蘋果切成小塊，與冷開水一起放入均質機內，打成無顆粒狀又細緻的蘋果泥。

➡ 儘量切成小塊，即能快速打成泥狀；除了用方便的均質機攪打外，也可利用食物料理機製作。

3 將蘋果泥及細砂糖分別倒入同一個鍋內，接著開小火邊加熱邊攪拌，直到細砂糖融化即熄火。

➡ 只要溫度達到約40~50℃，可將吉利丁片融化的溫度即可；沾黏在容器上的蘋果泥，也要刮乾淨。

4 將香橙酒倒入鍋內，用橡皮刮刀攪勻。

➡ 也可改用蘭姆酒增加香氣與風味。

5 將做法 ① 泡軟的吉利丁片擠乾水分，再放入鍋內，並用橡皮刮刀攪至吉利丁片完全融化，慕絲餡料即製作完成。

➡ 須注意鍋邊也要刮到，質地才會均勻細緻。

6 將做法 ⑤ 整個容器放在冰塊水上降溫至冷卻，同時用橡皮刮刀慢慢攪動慕絲餡料。

➡ 慕絲餡料以冰塊水降溫至冷卻，呈現稍微濃稠感，質地要與打發的鮮奶油接近，請看p.157「慕絲餡料的質地」。

7 將動物性鮮奶油攪打至五、六分發左右，取約1/3的分量倒入做法 ⑥ 的慕絲餡料內，稍微攪勻。

➡ 「動物性鮮奶油的打發程度」與「將打發的鮮奶油與慕絲餡料拌合」，請看p.159~161的說明。

8 再將剩餘的打發鮮奶油全部倒入做法 ⑦ 內，用橡皮刮刀攪勻，即成**蘋果慕絲糊**。

➡ 拌合鮮奶油的方式，請看p.160的「將打發的鮮奶油與慕絲餡料拌合」。

9 將慕絲糊平均地倒入容器內，約八分滿，冷藏約3個小時至凝固。

➡ 慕絲糊倒入容器內的方式，請看p.161的說明。

10 依 p.104 的做法，將焦糖蘋果製作完成，待完全冷卻後，用小湯匙取適量舀在凝固的慕絲表面。

➡ 可依個人喜好，拿捏焦糖蘋果的分量。

11 依 p.28 的做法，將杏仁粒薄片製作完成，再將杏仁粒薄片剝成小片，放在慕絲表面即可。

➡ 也可依個人喜好，改用p.26其他的「餅乾類」。

百香果慕絲

如何讓百香果濃厚的酸甜氣味，顯得更加柔和又順口？除了必備的打發鮮奶油之外，另外就是慕絲餡料中的秘密武器——義大利蛋白霜，試試看，開胃爽口的百香果慕絲。

參考分量
130 cc 的容器約 **5** 杯

材料

夾心

手指餅乾 （請看 p.26 的材料）

百香果慕絲

吉利丁片	1 又 1/2 片
百香果果泥（冷凍產品）	100 克
香橙酒	1/2 小匙
細砂糖	30 克
水	10 克
蛋白	20 克
動物性鮮奶油	60 克

搭配

打發動物性鮮奶油	50 克
芒果醬汁 （請看 p.20 的材料）	
新鮮覆盆子	數粒

做 法

1 依 p.27 的做法，將手指餅乾製作完成，並將手指餅乾放入容器內。

➡ 依據容器大小，將手指餅乾裁切成理想的大小。

2 依 p.15 的做法，將酒糖液製作完成，用刷子沾取適量酒糖液刷在手指餅乾上備用。

➡ 請看 p.15「為何要在蛋糕體上刷酒糖液？」。

3 容器內放入冰開水及冰塊，再將吉利丁片放入冰塊水內浸泡至軟化。

➡ 冰塊水須完全覆蓋吉利丁片，要確實泡軟。

4 將百香果果泥倒入鍋內，接著開小火邊加熱邊攪拌，只要溫度達到約 40~50℃，可將吉利丁片融化的溫度即熄火。

➡ 邊加熱邊攪拌，有助於百香果果泥受熱均勻；沾黏在容器上的果泥，也要刮乾淨。

5 將做法 ③ 泡軟的吉利丁片擠乾水分，再放入鍋內，並用橡皮刮刀攪至吉利丁片完全融化。

➡ 須注意鍋邊也要刮到，質地才會均勻細緻。

6 將香橙酒倒入鍋內，用橡皮刮刀攪勻，慕絲餡料即製作完成。

➡ 也可改用蘭姆酒增加香氣與風味。

7 依 p.30 的做法，將材料中的細砂糖、水及蛋白製作成義大利蛋白霜，靜置室溫下備用。

➡ 在製作義大利蛋白霜的同時，可將做法 ⑥ 的慕絲餡料隔冰塊水降溫冷卻。

8 將做法 ⑥ 整個容器放在冰塊水上降溫至冷卻，同時用橡皮刮刀慢慢攪動慕絲餡料。

➡ 慕絲餡料以冰塊水降溫至冷卻，呈現稍微濃稠感，即可輕易地與義大利蛋白霜混合攪勻。

9 將做法 ⑦ 的義大利蛋白霜分 2 次倒入做法 ⑧ 的慕絲餡料內。

➡ 拌入義大利蛋白霜就如同拌合打發的鮮奶油相同，都須分次加入才能順利拌勻。

10 當義大利蛋白霜全部拌勻後，即成糊狀的質地。

➡ 須確認義大利蛋白霜已完全冷卻，否則與慕絲餡料拌合時，即會化成液態狀。

11 將動物性鮮奶油攪打至五、六分發左右，全部倒入做法 ⑩ 的慕絲餡料內，用橡皮刮刀攪勻，即成**百香果慕絲糊**。

➡ 「動物性鮮奶油的打發程度」與「將打發的鮮奶油與慕絲餡料拌合」，請看 p.159~161的說明。

12 將慕絲糊平均地倒入做法 ② 的容器內，約八分滿，再將容器輕敲數下，以便震出多餘的氣泡，冷藏約 3 個小時至凝固。

➡ 慕絲糊倒入容器內的方式，請看 p.161的說明。

13 如 p.160 的圖 ①，將動物性鮮奶油打發，將斜口大花嘴裝入擠花袋內，再用橡皮刮刀將打發的鮮奶油裝入袋內，扭緊袋口後，在凝固的慕絲表面擠出鮮奶油。

➡ 也可依個人喜好，參考p.22的其他口味的打發鮮奶油；擠花樣式，可隨個人喜好擠製。

14 依 p.20 的做法，事先將芒果醬汁製作完成，用小湯匙取適量淋在打發的鮮奶油表面，並放上數粒新鮮覆盆子做裝飾。

➡ 可將芒果醬汁裝入塑膠袋內，剪一個小洞口，直接在打發的鮮奶油表面來回擠出線條；也可依個人喜好，改用 p.18其他口味的「醬汁類」。

斜口大花嘴
此種大花嘴，多用於各式糕點的擠花裝飾上，花嘴的圓口徑約1.5公分，邊緣處有一個長約2公分的缺口。

紅茶慕絲 佐 可可凍

紅茶製成慕絲，就是奶茶口味的感覺，少了生澀氣味，卻增添些許可口度；因此順便做出的可可凍，完全是不突兀的配料，當然一定要有焦糖核桃的堅果香，口感才會更豐富。

參考分量
120 cc的容器約 4 杯

材料

紅茶慕絲

吉利丁片	2 片
紅茶茶包	3 包
熱水	150 克
細砂糖	35 克
無糖可可粉	1 小匙（約 2 克）
冷開水	1 小匙
動物性鮮奶油	100 克

搭配

焦糖核桃 適量（請看 p.23 的材料）
蛋白蜂蜜脆條 （請看 p.31 的材料）

做 法

1 容器內放入冰開水及冰塊，再將吉利丁片放入冰塊水內浸泡至軟化。

➡ 冰塊水須完全覆蓋吉利丁片，要確實泡軟。

2 將紅茶茶包浸泡在熱水中，約 10 分鐘後擠出茶汁備用，重量約 130 克。

➡ 每包茶包內的茶葉淨重約 2 克，可依個人的口感偏好，增減茶包的用量。

3 將做法 ② 的紅茶汁及細砂糖分別放入同一個鍋內。

➡ 細砂糖可改用黃砂糖（二砂糖）製作，稍具提味效果。

4 接著開小火邊加熱邊攪拌，直到細砂糖融化即熄火。

➡ 邊加熱邊用橡皮刮刀攪動，可加速融化細砂糖；不要煮到沸騰，只要溫度達到約40~50℃，可將吉利丁片融化的溫度即可。

5 將做法 ① 泡軟的吉利丁片擠乾水分，再放入鍋內，並用橡皮刮刀攪至吉利丁片完全融化，慕絲餡料即製作完成。

➡ 須注意鍋邊也要刮到，質地才會均勻細緻。

6 取做法 ⑤ 的慕絲餡料約 30 克，加入無糖可可粉及冷開水調勻，成為**可可凍液**備用。

➡ 調好的可可凍液放在室溫下備用，不需冷藏。

7 再將做法 ⑤ 整個容器（剩餘的慕絲餡料）放在冰塊水上降溫至冷卻，同時用橡皮刮刀慢慢攪動慕絲餡料。

➡ 慕絲餡料以冰塊水降溫至冷卻，呈現稍微濃稠感，質地要與打發的鮮奶油接近，請看p.157「慕絲餡料的質地」。

8 將動物性鮮奶油攪打至五、六分發左右，取約 1/3 的分量倒入做法 ⑦ 的慕絲餡料內，稍微攪勻，再將剩餘的打發鮮奶油全部倒入，用橡皮刮刀攪勻，即成**紅茶慕絲糊**。

➡ 「動物性鮮奶油的打發程度」與「將打發的鮮奶油與慕絲餡料拌合」，請看p.159~161的說明。

9 將慕絲糊平均地倒入容器內，約七、八分滿，再將容器輕敲數下，以便震出多餘的氣泡，冷藏約 3 個小時至凝固。

➡ 慕絲糊倒入容器內的方式，請看p.161的說明。

10 用湯匙取做法 ⑥ 的可可凍液，淋在凝固的紅茶慕絲上，厚度約 0.3 公分，冷藏至凝固。

➡ 可可凍液淋在慕絲表面具裝飾及調味效果，但要注意不可過厚，以免味道苦澀。

11 依 p.23 的做法，將焦糖核桃製作完成，取適量撒在已凝固的可可凍的表面。

➡ 也可依個人喜好，參考p.23製作方式，將核桃改成其他堅果。

12 依 p.31 的做法，將蛋白蜂蜜脆條製作完成，然後放在表面做裝飾。

➡ 也可依個人喜好，參考p.26其他的「餅乾類」做裝飾。

盆栽慕絲

將甜點杯以盆栽造型呈現，首先營造視覺的驚喜，接下來的味蕾期待，則是增添品嚐時的樂趣；因此，無論任何口味的慕絲，均能製成讓人猜不透的好滋味。

參考分量
160 cc的容器約 **3** 杯

材料

夾心

覆盆子醬（請看 **p.19** 的材料）	
可可圓餅（請看 **p.27** 的材料）	

香草乳酪慕絲

吉利丁片	1 又 1/2 片
奶油乳酪	50 克
細砂糖	45 克
鮮奶	100 克
香草莢	1/2 根
動物性鮮奶油	100 克

搭配

OREO 巧克力餅乾	30 克
薄荷葉	3 小根

做 法

1 依 p.19 的做法，事先將覆盆子醬製作完成。

➡ 夾心用的覆盆子醬，也可參考p.18~20改用其他口味的水果醬汁。

2 依 p.27 的做法，將可可圓餅製作完成，將圓餅放入容器內。

➡ 依據容器大小，將圓餅裁切成理想的大小。

3 依 p.15 的做法，將酒糖液製作完成，用刷子沾取適量酒糖液刷在圓餅上備用。

➡ 請看p.15「為何要在蛋糕體上刷酒糖液？」。

4 容器內放入冰開水及冰塊，再將吉利丁片放入冰塊水內浸泡至軟化。

➡ 冰塊水須完全覆蓋吉利丁片，要確實泡軟。

5 奶油乳酪秤好後，放在室溫下回軟，再與細砂糖及鮮奶一起倒入鍋內，並將鍋子放在另一個有加水的鍋中，準備以隔水方式來加熱。

➡ 用小湯匙（或用手）可輕易地將奶油乳酪壓出凹痕，確實軟化，才能均勻地融入鮮奶中；以隔水方式來加熱，可避免奶油乳酪加熱過度，導致乳脂肪分離。

6 用小刀將香草莢剖開，取出香草莢內的黑籽，連同香草莢外皮，一起放入鍋內。

➡ 有關香草莢的使用，請看p.77的說明。

7 接著開小火加熱，並用耐熱橡皮刮刀將鍋內的奶油乳酪攪散壓軟。

➡ 須注意鍋中的熱水不要沸騰，以免溫度過高，而影響奶油乳酪的質地；儘量將奶油乳酪攪散，如有些小顆粒很難壓碎，可在材料全部加完後，再過篩濾出細緻的質地。

8 將做法 ④ 泡軟的吉利丁片擠乾水分，再放入鍋內，並用橡皮刮刀攪至吉利丁片完全融化，慕絲餡料即製作完成。

➡ 攪拌時，須注意鍋邊也要刮到，質地才會均勻細緻。

9 將慕絲餡料以篩網過篩。

➡ 藉由過篩動作，可使慕絲餡料的質地更加均勻細緻。

10 將做法 ⑨ 整個容器放在冰塊水上降溫至冷卻，同時用橡皮刮刀慢慢攪動慕絲餡料。

➡ 慕絲餡料以冰塊水降溫至冷卻，呈現稍微濃稠感，請看p.157「慕絲餡料的質地」。

11 將動物性鮮奶油攪打至五、六分發左右，取約 1/3 的分量倒入做法 ⑩ 的慕絲餡料內，稍微攪勻；再將剩餘的打發鮮奶油全部倒入，用橡皮刮刀攪勻，即成**香草乳酪慕絲糊**。

➡ 「動物性鮮奶油的打發程度」與「將打發的鮮奶油與慕絲餡料拌合」，請看p.159~161的說明。

12 用橡皮刮刀將慕絲糊裝入擠花袋（或塑膠袋）內，在袋子尖處剪一個洞口，再慢慢擠入做法 ③ 的容器內，約五分滿。

➡ 慕絲糊倒入容器內的方式，請看p.161的說明。

13 將做法 ① 的覆盆子醬裝入塑膠袋內，並在袋子尖處剪一小洞口，再將覆盆子醬慢慢擠出適量在慕絲糊表面。

➡ 覆盆子醬質地稀軟，利用一般塑膠袋可輕易擠出所需用量；或利用小湯匙舀取適量覆盆子醬，直接淋在慕絲糊上；做法11的慕絲糊呈濃稠狀，因此可直接擠上覆盆子醬不至於混在一起。

14 利用小湯匙將覆盆子醬輕輕地稍微攤開。

➡ 以覆盆子醬（或其他水果醬汁）或加入軟質的新鮮水果當做夾心，風味都非常好。

15 再將剩餘的慕絲糊擠在覆盆子醬表面，約七、八分滿。

➡ 慕絲糊擠好後，可利用小湯匙將慕絲糊表面稍微抹平。

16 將 OREO 巧克力餅乾放入塑膠袋內，用擀麵棍敲碎（如 p.172 圖 ①），撒滿整個慕絲糊表面，冷藏約 3 個小時至凝固。

➡ OREO巧克力餅乾放入塑膠袋內敲碎，不用刻意敲成細末狀；待慕絲糊凝固後，插上一根薄荷葉裝飾即可。

189

葡萄乾橙汁慕絲

葡萄乾加橙汁，是不同的酸甜與香氣，製成慕絲後，多了奶味提升圓潤風味，另外還有原味圓餅與焦糖核桃的加持，猶如一個縮小版的慕絲蛋糕，但在製程上，卻能隨興完成喔！

參考分量
125 cc的容器約 6 杯

材料

葡萄乾橙汁慕絲

吉利丁片	1又1/2 片
葡萄乾	30 克
柳橙汁	100 克
細砂糖	15 克
香橙酒	1/2 小匙
動物性鮮奶油	100 克

夾心

原味圓餅	（請看 p.26 的材料）
焦糖核桃	（請看 p.23 的材料）

搭配

打發動物性鮮奶油	50 克
藍莓醬	（請看 p.18 的材料）
蛋白蜂蜜脆條	（請看 p.31 的材料）

做 法

1 依 p.27 及 p.23 的做法，將原味圓餅及焦糖核桃製作完成。

➡ 也可依個人喜好，將核桃改成其他堅果。

2 容器內放入冰開水及冰塊，再將吉利丁片放入冰塊水內浸泡至軟化。

➡ 冰塊水須完全覆蓋吉利丁片，要確實泡軟。

3 將葡萄乾及柳橙汁一起放入料理機（或果汁機）內，用快速將葡萄乾打碎，成為葡萄乾柳橙汁。

➡ 要儘量將料理機容器內的打碎的葡萄乾及柳橙汁刮乾淨，以避免過多損耗。

4 取約 1/2 分量的葡萄乾柳橙汁倒入鍋內，接著加入細砂糖，再開小火邊加熱邊攪拌，將細砂糖煮到融化即熄火。

➡ 不要煮到沸騰，只要溫度達到約40~50℃，可將吉利丁片融化的溫度即可，請看p.14的說明；取部分葡萄乾柳橙汁加熱，剩餘的分量最後再加入，較能確保風味不流失。

5 將做法② 泡軟的吉利丁片擠乾水分，再放入鍋內，並用橡皮刮刀攪拌至吉利丁片完全融化。

➡ 須注意鍋邊也要刮到，質地才會均勻細緻。

6 將香橙酒倒入鍋內，用橡皮刮刀攪勻。

➡ 也可改用蘭姆酒增加香氣與風味。

7 最後再將做法③ 剩餘的葡萄乾柳橙汁倒入鍋內，用橡皮刮刀攪勻，慕絲餡料即製作完成。

➡ 沾黏在容器上的葡萄乾柳橙汁，也要刮乾淨。

8 將做法⑦ 整個容器放在冰塊水上降溫至冷卻，同時用橡皮刮刀慢慢攪動慕絲餡料。

➡ 慕絲餡料以冰塊水降溫至冷卻，呈現稍微濃稠感，請看p.157「慕絲餡料的質地」。

9 將動物性鮮奶油攪打至五、六分發左右，分 2 次倒入做法⑧ 的慕絲餡料內，用橡皮刮刀攪勻，即成**葡萄乾橙汁慕絲糊**。

➡ 「動物性鮮奶油的打發程度」與「將打發的鮮奶油與慕絲餡料拌合」，請看p.159~161的說明。

10 將慕絲糊平均地倒入容器內，約五分滿，再將容器輕敲數下，以便震出多餘的氣泡。

➡ 慕絲糊倒入容器內的方式，請看p.161的說明。

11 先將一片原味圓餅輕輕地放入慕絲糊內，接著再用小湯匙舀些焦糖核桃放在圓餅上。

➡ 做法⑩ 的慕絲糊呈濃稠狀，因此可直接放上圓餅不至於下沉。

12 如p.160的圖①，將動物性鮮奶油打發，將尖齒花嘴裝入擠花袋內，再用橡皮刮刀將打發的鮮奶油裝入袋內，扭緊袋口後，以垂直方式將鮮奶油擠在焦糖核桃上，冷藏約 3 個小時至凝固。

➡ 也可依個人喜好，參考p.22的其他口味的打發鮮奶油：擠花樣式，可隨個人喜好擠製。

13 依 p.18 的做法，將藍莓醬製作完成，用小湯匙取適量淋在打發的鮮奶油表面。

➡ 也可依個人喜好，改用p.18~20其他口味的水果醬汁。

14 依 p.31 的做法，將蛋白蜂蜜脆條製作完成，然後放在表面做裝飾。

➡ 也可依個人喜好，參考p.26其他的「餅乾類」做裝飾。

奇異果慕絲佐芒果醬汁

以「水果風」為主的慕絲，最大賣點則是討好味蕾的清爽口感，因此最適合餐後享用；根據食譜的做法，可依個人的口感偏好，延伸不同的創意，做出異曲同工之妙的美味慕絲。

參考分量
160 cc的容器約 4 杯

材料

夾心

新鮮藍莓	70克

奇異果慕絲

吉利丁片	2 片
奇異果果肉	100 克
細砂糖	20 克
香橙酒	1/2 小匙
柳橙汁	50 克
動物性鮮奶油	80 克

搭配

芒果醬汁（請看 p.20 的材料）	
香酥粒　（請看 p.28 的材料）	
各式水果	適量

做　法

1 將新鮮藍莓洗乾淨瀝乾水分，並用廚房紙巾擦乾，取適量放入容器內備用。

➡ 整粒的新鮮藍莓不會釋出水分，適合放入容器內當做夾心配料。

2 容器內放入冰開水及冰塊，再將吉利丁片放入冰塊水內浸泡至軟化。

➡ 冰塊水須完全覆蓋吉利丁片，要確實泡軟。

3 奇異果切成小塊，放入均質
機內打成細緻的泥狀備用。

➡ 儘量切成小塊，即能快速打成
細緻的泥狀；除了用方便俐落
的均質機攪打外，也可利用食
物料理機製作。

4 將奇異果果泥及細砂糖一起
放入鍋內。

➡ 沾黏在容器上的奇異果果泥，
也要刮乾淨。

5 接著開小火邊加熱邊攪拌，
將細砂糖煮到融化即熄火。

➡ 不要煮至沸騰，只要溫度達到
約40~50℃，可將吉利丁片融化
的溫度即可，請看p.14的說明。

6 將香橙酒倒入鍋內，用橡皮
刮刀攪勻。

➡ 也可改用蘭姆酒增加香氣與風
味。

7 將做法 ② 泡軟的吉利丁片擠
乾水分，再放入鍋內，並用
橡皮刮刀攪至吉利丁片完全
融化，接著倒入柳橙汁，用
橡皮刮刀攪勻，慕絲餡料即
製作完成。

➡ 須注意鍋邊也要刮到，質地才
會均勻細緻。

8 將做法 ⑦ 整個容器放在冰塊
水上降溫至冷卻，同時用橡
皮刮刀慢慢攪動慕絲餡料。

➡ 慕絲餡料以冰塊水降溫至冷
卻，呈現稍微濃稠感，請看
p.157「慕絲餡料的質地」。

9 將動物性鮮奶油攪打至五、
六分發左右，取約 1/3 的分
量倒入做法 ⑧ 的慕絲餡料
內，稍微攪勻。

➡ 「動物性鮮奶油的打發程度」
與「將打發的鮮奶油與慕絲餡
料拌合」，
請看p.159
~161的說
明。

10 再將剩餘的打發鮮奶油全部
倒入做法 ⑨ 內，用橡皮刮刀
攪勻，即成**奇異果慕絲糊**。

➡ 拌合鮮奶油的方式，請看p.160
的「將打發的鮮奶油與慕絲餡
料拌合」。

11 將慕絲糊平均地倒入做法 ①
的容器內，約七、八分滿，
冷藏約 3 個小時至凝固。

➡ 慕絲糊倒入容器內的方式，請
看p.161的說明。

12 依 p.20 及 p.28 的做
法，將芒果醬汁及香
酥粒製作完成。

➡ 也可依個人喜好，改用
p.18~20其他口味的水果
醬汁。

13 用湯匙取適量芒果醬汁淋在凝固的奇
異果慕絲上，冷藏至凝固，再放上
香酥粒及各式新鮮水果裝飾即可。

➡ 新鮮水果分別是覆盆子及奇異果，以巧
克力條（如p.31）串在一起裝飾，也可改
用任何方便取得的新鮮水果裝飾。

火龍果優格慕絲 佐 香酥粒

應用食材的天然色澤，凸顯甜點亮眼的視覺效果，只要肯花時間、願意付出耐心，就能體驗甜點的多變風貌，既有趣又生動。

參考分量
165 cc的容器約 6 杯

材料

火龍果慕絲

吉利丁片	2 片
火龍果肉	150 克（去皮後）
細砂糖	90 克
香橙酒	1/2 小匙
動物性鮮奶油	100 克

優格慕絲

吉利丁片	2 片
鮮奶	65 克
細砂糖	30 克
原味優格	120 克
檸檬皮屑	1/4 小匙
香橙酒	1/2 小匙
動物性鮮奶油	130 克

搭配

香酥粒
（請看 p.28 的材料）

做 法

1 火龍果慕絲：容器內放入冰開水及冰塊，再將 4 片的吉利丁片（連同優格慕絲的吉利丁片）放入冰塊水內浸泡至軟化。
➡ 冰塊水需完全覆蓋吉利丁片，要確實泡軟。

2 將火龍果肉切小塊，放入均質機內攪打，成為無顆粒狀又細緻的火龍果汁。
➡ 儘量切成小塊，即能快速打成細緻的果汁。

3 將火龍果汁及細砂糖分別放入同一個鍋內，用小火邊加熱邊攪拌，將細砂糖煮到融化即熄火。
➡ 不要煮至沸騰，只要溫度達到約 40~50℃，可將吉利丁片融化的溫度即可，請看 p.14 的說明。

4 將泡軟的吉利丁片取出 2 片擠乾水分，再放入鍋內，並用橡皮刮刀攪至融化，接著加入香橙酒攪拌均勻，慕絲餡料即製作完成。
➡ 剩餘的2片吉利丁片仍需浸泡在冰塊水中，並放入冷藏室放置。

5 將做法 ④ 整個容器放在冰塊水上降溫至冷卻，同時用橡皮刮刀慢慢攪動慕絲餡料。

➡ 慕絲餡料以冰塊水降溫至冷卻，呈現稍微濃稠感，請看p.157「慕絲餡料的質地」。

6 將動物性鮮奶油（連同優格慕絲的動物性鮮奶油共 230 克）打至五、六分發左右，再從中秤出約 100 克，分 2 次倒入做法 ⑤ 的慕絲餡料內，用橡皮刮刀攪勻，即成**火龍果慕絲糊**。

➡ 須將剩餘的（約130克）打發鮮奶油持續放在冰塊水上（或冰箱內）冰鎮。火龍果慕絲糊製作完成後，須放在冰塊水上持續冰鎮，以確保慕絲糊的濃稠質地。

7 優格慕絲：將鮮奶加細砂糖分別放入同一個鍋內，用小火邊加熱邊攪拌，將細砂糖煮到融化即熄火。

➡ 不要煮至沸騰，只要溫度達到約40～50℃，可將吉利丁片融化的溫度即可，請看p.14的說明。

8 刨入檸檬皮屑，並將香橙酒倒入鍋內，用橡皮刮刀攪勻。

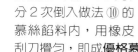

➡ 刨入檸檬皮方式請看p.16，也可改用藍姆酒代替。

9 將剩餘的 2 片吉利丁片擠乾水分，再放入鍋內，並用橡皮刮刀攪至融化；接著將原味優格倒入鍋內攪勻，慕絲餡料即製作完成。

➡ 沾黏在容器上的優格也要刮乾淨。

10 再將做法 ⑨ 整個容器放在冰塊水上降溫至冷卻，用橡皮刮刀慢慢攪動慕絲餡料。

➡ 請看p.157「慕絲餡料的質地」。

11 將做法 ⑥ 剩餘的打發鮮奶油（約 130 克）分 2 次倒入做法 ⑩ 的慕絲餡料內，用橡皮刮刀攪勻，即成**優格慕絲糊**。

➡ 拌合鮮奶油的方式，請看p.160的說明。

12 組合方式 1：將做法 ⑥ 的火龍果慕絲糊裝入塑膠擠花袋內，慢慢地將慕絲糊擠在斜放的容器內，冷藏約 1 小時至表層凝固。

➡ 剪洞口的直徑約0.8公分，慢慢地擠至靠近容器口的邊緣即可。

13 將優格慕絲糊擠在容器內，再冷藏至凝固即可。

➡ 只要火龍果慕絲的表層呈固態狀（不黏手），即可接著擠入優格慕絲糊。

14 組合方式 2：將做法 ⑥、⑪ 的 2 種慕絲糊分別裝入擠花袋內，並將袋口上方用橡皮筋綁好。

➡ 用橡皮筋綁好後，可方便將慕絲糊同時擠至容器內。

15 用手將 2 個擠花袋併攏，在尖處剪出直徑約 0.8 公分的洞口，剪完後須用手將洞口處捏緊。

➡ 剪完洞口，須接著用手捏緊，以免慕絲糊溢出。

16 將 2 個擠花袋一起放入容器內，慢慢地將 2 種慕絲糊擠至容器內，約八分滿。

➡ 一開始袋內的慕絲糊容量較多，鼓鼓的 2 個擠花袋無法靠攏，因此須用手將2個擠花袋併攏後，再慢慢擠出慕絲糊。

17 利用擠花袋將慕絲糊擠入容器內，即會呈現不規則的花樣，再冷藏至凝固即可。

➡ 也可用湯匙將2種慕絲糊分別舀入容器內，做成不規則的大理石花樣。

18 依 p.28 的做法，將香酥粒製作完成，在凝固的慕絲表面撒上一圈香酥粒，並放些火龍果粒及檸檬皮屑裝飾即可。

➡ 也可依個人喜好，參考p.26利用其他的「餅乾類」做裝飾。

火龍果

火龍果又稱紅龍果，屬仙人掌科植物，內含豐富維生素，水分含量高，甜度低；火龍果品種很多，如要製作鮮艷的火龍果慕絲，最好選購紅色果肉的火龍果，其天然的紅色素，製成的慕絲成品特別鮮艷。

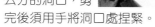

太妃栗香慕絲

以栗子泥為主食材，另外加上成人風的太妃香，獨具深層的香濃滋味；
但千萬別忽略配料的功能，雖然工序增多，但絕對有助於美味的提升。

參考分量
90 cc的容器約 **7** 杯

材料

太妃栗香慕絲

吉利丁片	1 片
動物性鮮奶油	60 克
a 細砂糖	25 克
水	10 克
無糖栗子泥	100 克
細砂糖	20 克
動物性鮮奶油	100 克

搭配

香酥粒　（請看 **p.28** 的材料）
焦糖杏仁片
　　　　　（請看 **p.23** 的材料）
巧克力鮮奶油
　　　　　（請看 **p.22** 的材料）

做 法

1 依 p.28 的做法，將香酥粒
製作完成，用小湯匙取適量
的香酥粒倒入容器內備用。

➡ 將香酥粒倒入任何容器內的分
量，以能覆蓋整個容器底部為
原則。

2 容器內放入冰開水及冰塊，
再將吉利丁片放入冰塊水
內浸泡至軟化。

➡ 冰塊水須完全覆蓋吉利丁
片，要確實泡軟。

3 依 p.147 做法 ④～⑨，將材料 a 製成太妃醬。

➡ 慢慢倒完動物性鮮奶油後，再用耐熱橡皮刮刀攪勻，注意鍋邊也要刮到，太妃醬質地才會均勻。

4 太妃醬製作完成後，趁熱倒入無糖栗子泥，並用耐熱橡皮刮刀攪散。

➡ 可事先將栗子泥攪散，較容易與太妃醬攪散拌勻，利用橡皮刮刀邊壓邊攪動即能順利攪勻。

5 接著倒入細砂糖，並用橡皮刮刀攪勻。

➡ 攪勻之後再開小火加熱，較能讓細砂糖平均受熱而融化。

6 再開小火加熱，並用耐熱橡皮刮刀攪勻，不需煮至沸騰，只要加熱至細砂糖融化即熄火。

➡ 邊加熱邊用橡皮刮刀攪動，可加速融化細砂糖，只要溫度達到約40～50℃，可將吉利丁片融化的溫度即可，請看p.14的說明；須注意鍋邊也要刮到，質地才會均勻細緻。

7 將做法 ② 泡軟的吉利丁片擠乾水分，再放入鍋內，並用橡皮刮刀攪至吉利丁片完全融化，慕絲餡料即製作完成。

➡ 須注意鍋邊也要刮到，質地才會均勻細緻。

8 將做法 ⑦ 整個容器放在冰塊水上降溫至冷卻，同時用橡皮刮刀慢慢攪動慕絲餡料。

➡ 慕絲餡料以冰塊水降溫至冷卻，呈現稍微濃稠感，請看p.157「慕絲餡料的質地」。

9 將動物性鮮奶油攪打至五、六分發左右，取約 1/3 的分量倒入做法 ⑧ 的慕絲餡料內，稍微攪勻。

➡ 「動物性鮮奶油的打發程度」與「將打發的鮮奶油與慕絲餡料拌合」，請看p.159～161的說明。

10 再將剩餘的打發鮮奶油全部倒入做法 ⑨ 內，用橡皮刮刀攪勻，即成**太妃栗香慕絲糊**。

➡ 拌合鮮奶油的方式，請看p.160的「將打發的鮮奶油與慕絲餡料拌合」。

11 將慕絲糊平均地倒入做法 ① 的容器內，約七、八分滿，冷藏約3個小時至凝固。

➡ 慕絲糊倒入容器內的方式，請看p.161的說明。

12 依 p.23 的做法，將焦糖杏仁片製作完成備用。

➡ 也可依個人喜好，將杏仁片改成其他堅果。

13 依 p.22 的做法，將巧克力鮮奶油製作完成。

➡ 也可依個人喜好，參考p.22的其他口味的打發鮮奶油。

14 將尖齒花嘴裝入擠花袋內，再用橡皮刮刀將巧克力鮮奶油裝入袋內，扭緊袋口後，在凝固的慕絲表面以垂直方式擠出鮮奶油，再放些適量的焦糖杏仁片，並放一顆新鮮草莓裝飾即可。

➡ 慕絲表面的擠花樣式，可隨個人喜好擠製；可依個人喜好，改用其他的新鮮水果裝飾。

巴巴露

巴巴露（法文：Bavarois），亦稱巴伐露亞、巴巴露瓦或巴巴洛瓦等，是一種與慕絲口感相近的甜點，其製程也大同小異。但巴巴露最大的特色，是以安格烈斯醬汁（即英式蛋奶醬：crème anglaise）為基底所製成，另外使用的素材則與慕絲相同，都會添加吉利丁、打發的鮮奶油（有時也搭配義大利蛋白霜）、各式水果醬汁或其他材料，但口感特別濃郁純厚，同時也能變化出各式不同風味的產品。

通常製作巴巴露，會將巴巴露糊（crème bavarois 材料全部混合，尚未凝固定形時的糊狀物）倒入有花紋的金屬模形內，待巴巴露糊冷藏凝固後，再將成品脫模，並搭配各式水果醬汁或新鮮水果一起食用。不過為了製作上的方便性及變化性，本書的巴巴露食譜與其他單元的甜點相同，都是以一杯杯的容器來呈現，相信更具有趣味性與實用性。

【注意】
製作巴巴露時，除了必備的英式奶醬（請看下面說明）之外，其餘的概念與手法都與p.156慕絲相同，請多加參考。

巴巴露的製作

製作原則 煮英式奶醬（＋軟化的吉利丁片＋各式材料）＋打發的動物性鮮奶油

製作流程

浸泡吉利丁片→製作英式奶醬→加吉利丁片→加入各式材料→成為巴巴露餡料→降溫冷卻成濃稠狀→將動物性鮮奶油打發→拌合→成為巴巴露糊→巴巴露糊倒入容器內→冷藏至凝固

煮「英式奶醬」

先軟化「吉利丁片」

在製作「英式奶醬」前，首先必須將所需的吉利丁片用冰開水（加冰塊）泡軟，如果製程較久或動作較慢時，必須將浸泡吉利片的整個容器放入冰箱內備用，以免容器內的冰塊水升溫，導致吉利丁片融化的後果，然後再進行接下來的動作，請看p.13如何將「吉利丁片」泡軟？

製作英式奶醬

前面提到巴巴露最大的特色，是內含安格烈斯醬汁（crème anglaise，即英式蛋奶醬），為了方便稱呼，本書食譜一律稱為「英式奶醬」。

「英式奶醬」的主要成分有蛋黃、細砂糖及鮮奶，利用蛋黃加熱後的凝固力，而讓熱鮮奶變稠，另外最好加上提味的香草莢，更能提升馥郁的香濃奶味；除了製作巴巴露之外，英式奶醬也用於冰淇淋或調成各式水果口味的沾醬。

在煮「英式奶醬」的過程中，最重要的就是火溫的控制，同時必須確實拿捏醬汁的濃稠度，才能做出完美的「英式奶醬」，如此的巴巴露成品才會呈現濃郁、厚實又滑順的美味口感；如果「英式奶醬」煮的稠度不夠或是加熱過度，都會影響成品的可口度。

「英式奶醬」的基本材料

蛋黃	2個（約36~40克）
細砂糖	40克
鮮奶	180克
香草莢	1/2根

做法

1. 將蛋黃及細砂糖分別倒入同一個容器內。

◆注意容器不可過小，以方便攪拌動作。

2. 用攪拌器將蛋黃及細砂糖攪拌至蛋黃的顏色變淡，成為乳黃色的蛋黃糊。

◆持續攪拌後，蛋黃的顏色會變淡，細砂糖也會慢慢融化。

3. 將鮮奶倒入鍋內，接著用小刀將香草莢剖開，取出香草莢內的黑籽，連同香草莢外皮，一起放入鍋內。

◆有關香草莢的使用，請看p.77的說明。

4. 接著開小火加熱，並用耐熱橡皮刮刀不停地攪動，直到熱鮮奶快要沸騰時即熄火。

◆注意鍋邊也要刮到，質地才會均勻細緻。

5. 將熱鮮奶慢慢地倒入做法②的蛋黃糊內，同時須用攪拌器不停地攪拌。

◆要邊倒邊攪，以免將蛋黃糊燙熟而結粒。

6. 做法⑤的熱鮮奶倒完並攪勻後，接著再倒回煮鍋內。

◆沾黏在容器上的濃稠蛋黃鮮奶糊，須儘量刮乾淨。

7. 接著再開小火加熱，並用耐熱橡皮刮刀不停地攪拌，直到鍋內的蛋黃鮮奶糊溫度約達80～85℃，呈濃稠狀即熄火，英式奶醬即製作完成。

◆注意加熱時，鍋邊也要刮到，質地才會均勻；製作完成後即可將香草莢取出，或在其他材料加完後，再過篩取出也可以。

如何判斷80~85℃？

　　當上述做法⑦持續用小火加熱時，鍋內的液態奶醬會隨著溫度上升，變得越來越稠，因此必須不停地用橡皮刮刀轉圈攪動，同時也要特別注意要刮到鍋邊沾黏的奶醬，質地才會均勻細緻。

　　另外必須注意，較厚的鍋具或製作較多分量時，其聚溫性較好，因此必須適時地提前熄火，以免鍋內的奶醬會過度受熱，而變得過稠。

製作英式奶醬確實煮到該有的濃稠度時，溫度約有80~85℃，鍋內的奶醬會呈現如圖①及圖②的狀態：

①濃稠的奶醬會附著在鍋底，用耐熱橡皮刮刀劃過鍋底，會出現明顯痕跡。

②濃稠的奶醬會附著在橡皮刮刀上，用手指劃過奶醬時，也會刮出明顯痕跡。

成功的「英式奶醬」
質地滑順，具細緻光澤度。

失敗的「英式奶醬」
過度加熱或攪拌不均勻，造成蛋黃熟化結粒，而呈現分離狀態。

原味的英式奶醬 → 加味的英式奶醬

　　p.200做法⑦完成後，未加入其他任何的調味材料，即可視為「原味的英式奶醬」，如另加各式的添加材料或水果果泥時，即成為「加味的英式奶醬」，但必須先趁熱將事先泡軟的吉利丁片擠乾水分放入熱奶醬中攪融後，再加入食譜中其他添加材料或果泥，如p.204「百香果巴巴露」做法⑦，也就是說，從原味奶醬製成的牛奶巴巴露（p.202），可變化出各式口味的巴巴露。

◆其他相關說明，請參考p.157慕絲的「各式添加材料」。

巴巴露完成

　　當食譜中的所有材料（除了動物性鮮奶油）全都混在一起後，接著就跟p.157「慕絲餡料的質地」要求相同，必須將整個鍋子或容器（裝有熱熱的奶醬）放在冰塊水上降溫，直到奶醬冷卻後，並呈現濃稠的糊狀時，才能與打發的動物性鮮奶油（冰冰的）拌合均勻。

◆上述的「英式奶醬」從開始製作到冰鎮，可視為製作巴巴露的第一部分動作。

◆接下來的動作，請參考慕絲的p.158「第二部分 →打發動物性鮮奶油」及p.160「最後 →將打發的鮮奶油與慕絲餡料拌合」的相關說明。

香草牛奶巴巴露

這道「香草牛奶巴巴露」可視為原味的巴巴露，最適合搭配各式水果醬汁或果凍一起食用；因此利用百香果及覆盆子兩種口味果凍做搭配，奶香中透出酸甜滋味，口感更加豐富喔！

參考分量
165 cc的容器約 **6** 杯

材料

牛奶巴巴露

吉利丁片	2 片
蛋黃 2 個（約 36~40 克）	
細砂糖	40 克
鮮奶	180 克
香草莢	1/2 根
動物性鮮奶油	150 克

百香果果凍

吉利丁片	1 又 1/2 片
冷開水	100 克
細砂糖	25 克
百香果果泥（冷凍產品）	50 克
香橙酒	1/2 小匙

覆盆子果凍

將上述「百香果果凍」的百香果果泥改成覆盆子果泥，其餘材料及分量完全相同。

做 法

1 容器內放入冰開水及冰塊，再將吉利丁片放入冰塊水內浸泡至軟化。
➡ 冰塊水須完全覆蓋吉利丁片，要確實泡軟。

2 依 p.200 做法 ①~⑦，將蛋黃、細砂糖、鮮奶及香草莢製成**英式奶醬**。
➡ 注意加熱時，鍋邊也要刮到，質地才會均勻；英式奶醬的特徵，請看 p.200 做法⑦的說明。

3 將做法 ① 泡軟的吉利丁片擠乾水分，再放入鍋內，並用橡皮刮刀攪至吉利丁片完全融化。
➡ 須注意鍋邊也要刮到，質地才會均勻細緻；加完吉利丁片後，不再加入其他材料時，可視為原味的產品，請看 p.201的說明。

4 將做法 ③ 加了吉利丁片的英式奶醬以篩網過篩。
➡ 過篩後，將煮過的香草莢取出丟棄，並用橡皮刮刀將附著在篩網上濃稠的奶醬儘量壓過篩網，以減少損耗。

5 將做法 ④ 整個容器放在冰塊水上降溫至冷卻,同時用橡皮刮刀慢慢攪動奶醬。

➥ 將奶醬隔冰塊水降溫至冷卻,與慕絲的製作是相同原則,請看p.157「慕絲餡料的質地」。

6 將動物性鮮奶油攪打至五、六分發左右,取約 1/3 的分量倒入做法 ⑤ 的奶醬內,稍微拌勻,再將剩餘的打發鮮奶油全部倒入,用橡皮刮刀拌勻,即成**牛奶巴巴露糊**(原味的巴巴露糊)。

➥ 奶醬與打發鮮奶油的拌合方式,與慕絲的製作是相同原則,請看p.160「將打發的鮮奶油與慕絲餡料拌合」。

7 將巴巴露糊平均地倒入容器內,約六、七分滿,接著冷藏約 1 小時至表層凝固。

➥ 只要巴巴露表層稍微凝固時,即可倒入百香果果凍液(做法⑭);巴巴露糊倒入容器內的方式,請看p.161的「慕絲糊倒入容器內的方式」。

8 **百香果果凍**:容器內放入冰開水及冰塊,再將吉利丁片放入冰塊水內浸泡至軟化。

➥ 冰塊水須完全覆蓋吉利丁片,要確實泡軟。

9 將冷開水及細砂糖分別放入同一個鍋內,接著開小火加熱,同時邊攪拌直到細砂糖融化即熄火。

➥ 邊加熱邊攪拌,有助於細砂糖快速融化;不要煮至沸騰,只要溫度達到約40~50℃,可將吉利丁片融化的溫度即可,請看p.14的說明。

10 將做法 ⑧ 泡軟的吉利丁片擠乾水分,再放入鍋內,並用橡皮刮刀攪至吉利丁片完全融化。

➥ 須注意鍋邊也要刮到,質地才會均勻細緻。

11 接著用橡皮刮刀將融化的百香果果泥刮入鍋內,用橡皮刮刀攪勻。

➥ 秤出所需的冷凍百香果果泥後,須先放在室溫下回溫融化再使用;沾黏在容器上的百香果果泥,須儘量刮乾淨,如使用新鮮百香果製作,約3~4個。

12 將香橙酒倒入鍋內,用橡皮刮刀攪勻,即成**百香果果凍液**。

➥ 也可改用蘭姆酒增加香氣與風味。

13 將做法 ⑫ 整個容器放在冰塊水上降溫至冷卻,須適時地用橡皮刮刀攪動一下,好讓果凍液均勻細緻。

➥ 冰鎮冷卻後,會呈現稍微濃稠感,用橡皮刮刀攪動時,會有輕微的阻力即可。

14 將百香果果凍液平均地倒入做法 ⑦ 的容器內,高度約 0.8~1 公分,接著放入冰箱冷藏至凝固。

➥ 倒入容器內的百香果果凍液,可依個人喜好斟酌分量;只要牛奶巴巴露的表層成爲固態狀(不黏手),即可接著倒入果凍液。

15 再依照做法 ⑧~⑬,製作覆盆子果凍液,然後倒入做法 ⑭ 表層已凝固的百香果果凍上,接著放入冰箱冷藏至凝固。

➥ 倒入容器內的2種果凍液,可依個人喜好斟酌分量;可依個人喜好將表面裝飾做不同變化。

百香果巴巴露 佐 香橙果凍

這道成品表面的手指餅乾及柳橙果凍，除具裝飾效果外，最主要的功能即是將單一口味的巴巴露變得更好吃喔！

參考分量
190 cc的容器約 **4** 杯

材料

搭配

手指餅乾	（請看 p.26 的材料）
柳橙果凍	（請看 p.24 的材料）

百香果巴巴露

吉利丁片	2 片
蛋黃	1 個（約 18~20 克）
細砂糖	25 克
鮮奶	80 克
百香果果泥（冷凍產品）	50 克
動物性鮮奶油	100 克

做 法

1 依 p.27 的做法，將手指餅乾製作完成。
➡ 也可依個人喜好，改用p.26其他的「餅乾類」。

2 依 p.24 的做法，將柳橙果凍製作完成。
➡ 也可依個人喜好，改用p.25的檸檬果凍。

3 將柳橙果凍切成約 0.8 公分的小方丁，取適量柳橙果凍平均地倒入容器內，再將裝有果凍的容器放入冷藏室備用。

➡ 可依個人喜好，隨興地將柳橙果凍切成各式形狀；爲避免容器內的果凍放置在室溫下會回溫軟化，因此必須放入冰箱內備用。

4 容器內放入冰開水及冰塊，再將吉利丁片放入冰塊水內浸泡至軟化。

➡ 冰塊水須完全覆蓋吉利丁片，要確實泡軟。

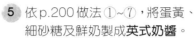

5 依 p.200 做法 ①~⑦，將蛋黃、細砂糖及鮮奶製成**英式奶醬**。

➡ 注意加熱時，鍋邊也要刮到，質地才會均勻；英式奶醬的特徵，請看p.200做法⑦的說明。

6 將做法 ④ 泡軟的吉利丁片擠乾水分，再放入鍋內，並用橡皮刮刀攪至吉利丁片完全融化。

➡ 須注意鍋邊也要刮到，質地才會均勻細緻。

7 接著用橡皮刮刀將融化的百香果果泥刮入鍋內，用橡皮刮刀攪勻，即成**百香果英式奶醬**。

➡ 秤出所需的冷凍百香果果泥後，須先放在室溫下回溫融化再使用；沾黏在容器上的百香果果泥，須儘量刮乾淨，如使用新鮮百香果製作，約3~4個。

8 將做法 ⑦ 整個容器放在冰塊水上降溫至冷卻，同時用橡皮刮刀慢慢攪動奶醬。

➡ 將奶醬隔冰塊水降溫至冷卻，與慕絲的製作是相同原則，請看p.157「慕絲餡料的質地」。

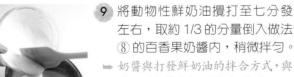

9 將動物性鮮奶油攪打至七分發左右，取約 1/3 的分量倒入做法 ⑧ 的百香果奶醬內，稍微拌勻。

➡ 奶醬與打發鮮奶油的拌合方式，與慕絲的製作是相同原則，請看p.160「將打發的鮮奶油與慕絲餡料拌合」。

10 再將剩餘的打發鮮奶油全部倒入做法 ⑨ 內，用橡皮刮刀拌勻，即成**百香果巴巴露糊**。

➡ 拌合鮮奶油的方式，請看 p.160的「將打發的鮮奶油與慕絲餡料拌合」。

11 將巴巴露糊平均地倒入容器內，約七、八分滿，接著冷藏約 3 小時至凝固。

➡ 巴巴露糊倒入容器內的方式，請看p.161的說明。

12 將做法 ①~② 的手指餅乾及柳橙果凍，取適量放在已凝固的百香果巴巴露表面即可。

➡ 可依個人喜好將表面裝飾做不同變化。

抹茶巴巴露佐 香草奶凍

參見 **DVD** 示範

純正的抹茶粉，其色澤及香氣，絕對是自然的，其特有的苦澀味與甜滋滋的蜜紅豆搭配，並加上香滑爽口的香草奶凍，絕對能讓這道抹茶巴巴露更加討好。

參考分量
110 cc的容器約 **6** 杯

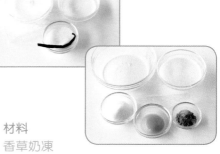

材料

香草奶凍
吉利丁片	1 又 1/2 片
鮮奶	150 克
動物性鮮奶油	50 克
細砂糖	30 克
香草莢	1/2 根

夾心
抹茶圓餅	（請看 **p.27** 的材料）
蜜紅豆	約 **60** 克

抹茶巴巴露
吉利丁片	1 片
蛋黃	1 個（約 **18~20** 克）
細砂糖	30 克
鮮奶	100 克
抹茶粉	2 小匙（約 **5** 克）
動物性鮮奶油	80 克

做法

1 香草奶凍：容器內放入冰開水及冰塊，再將吉利丁片放入冰塊水內浸泡至軟化。

➡ 冰塊水須完全覆蓋吉利丁片，要確實泡軟。

2 將鮮奶、動物性鮮奶油及細砂糖分別倒入同一個鍋內。

➡ 沾黏在容器上的動物性鮮奶油，須儘量刮乾淨。

3 用小刀將香草莢剖開，取出香草莢內的黑籽，連同香草莢外皮，一起放入鍋內，接著開小火邊加熱邊攪拌，直到細砂糖融化即熄火。

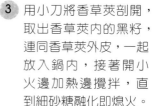

➡ 只要溫度達到約40~50℃，可將吉利丁片融化的溫度即可；有關香草莢的使用，請看p.14的說明。

4 將做法 ① 泡軟的吉利丁片擠乾水分，再放入鍋內，並用橡皮刮刀攪至吉利丁片完全融化，即成**香草奶凍液**。

➡ 須注意鍋邊也要刮到，質地才會均勻細緻。

5 將做法 ④ 整個容器放在冰塊水上降溫至冷卻，須適時地用橡皮刮刀攪動一下，好讓奶凍液均勻細緻。

➡ 冰鎮冷卻後，會呈現稍微濃稠感，用橡皮刮刀攪動時，會有輕微的阻力即可。

6 先將煮過的香草莢取出，再將奶凍液平均地倒入容器內，約四、五分滿，即可放入冰箱冷藏至凝固。

➡ 倒入容器內的奶凍液，可依個人喜好斟酌分量。

7 依 p.27 的做法，將抹茶圓餅製作完成，再放入做法 ⑥ 已凝固的香草奶凍表面，並依 p.15 的做法，將酒糖液製作完成，用刷子沾取適量酒糖液刷在抹茶圓餅上。

➡ 請看p.15「為何要在蛋糕體上刷酒糖液？」。

8 抹茶巴巴露：依做法 ① 將吉利丁片泡軟備用；依 p.200 做法 ①~⑦，將蛋黃、細砂糖及鮮奶製成**英式奶醬**。

➡ 注意加熱時，鍋邊也要刮到，質地才會均勻；英式奶醬的特徵，請看p.200做法⑦的說明。

9 接著將抹茶粉倒入鍋內，用橡皮刮刀攪勻，確實融入奶醬中，即成**抹茶英式奶醬**。

➡ 須耐心將抹茶粉攪勻，再進行接下來的動作。

10 將泡軟的吉利丁片擠乾水分，再放入鍋內，並用橡皮刮刀攪至吉利丁片完全融化。

➡ 須注意鍋邊也要刮到，質地才會均勻細緻。

11 將做法 ⑩ 整個容器放在冰塊水上降溫至冷卻，同時用橡皮刮刀慢慢攪動奶醬。

➡ 將奶醬隔冰塊水降溫至冷卻，與慕絲的製作是相同原則，請看p.157「慕絲餡料的質地」。

12 將適量蜜紅豆鋪在抹茶圓餅上。

➡ 蜜紅豆是一般超市所販售的商品，鋪在容器內的分量，能覆蓋圓餅表面即可；在進行這些動作時，必須適時地攪動做法⑪的奶醬，以免過度冰鎮而凝固。

13 將動物性鮮奶油攪打至五、六分發左右，分2次倒入做法 ⑪ 的抹茶奶醬內，用橡皮刮刀拌勻，即成**抹茶巴巴露糊**。

➡ 奶醬與打發鮮奶油的拌合方式，與慕絲的製作是相同原則，請看p.160「將打發的鮮奶油與慕絲餡料拌合」。

14 將巴巴露糊平均地倒入做法 ⑫ 的蜜紅豆上，約九至十分滿，並將表面抹平，接著冷藏約 2 小時至凝固。

➡ 如巴巴露糊倒入容器內至十分滿時，則須用小抹刀將表面抹平（如p.169圖⑮），巴巴露糊倒入容器內的方式，請看p.161的「慕絲糊倒入容器內的方式」。

15 依 p.31 的做法，將巧克力花飾製作完成，再放在已凝固的巴巴露表面即可。
➡ 可依個人喜好將表面裝飾做不同變化。

黑芝麻巴巴露 佐 焦糖杏仁片

參見 **DVD** 示範

黑芝麻的濃郁香氣發揮在奶製品中，口感變得更加柔和順口，
但仍不減這道成品的最大賣點……「香氣十足」。

參考分量
180 cc的容器約 **4** 杯

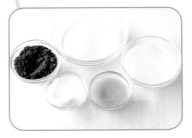

材料
黑芝麻巴巴露

吉利丁片	**2** 片
蛋黃	**2** 個（約 **36~40** 克）
細砂糖	**40** 克
鮮奶	**180** 克
黑芝麻粉	**45** 克
動物性鮮奶油	**130** 克

搭配

焦糖杏仁片（請看 **p.23** 的材料）	
新鮮櫻桃	**4** 顆（裝飾）

做 法

1 容器內放入冰開水及
冰塊，再將吉利丁片
放入冰塊水內浸泡至
軟化備用。

➡ 冰塊水須完全覆蓋吉利
丁片，要確實泡軟。

2 依 p.200 做法 ①~⑦，將
蛋黃、細砂糖及鮮奶製成
英式奶醬。

➡ 注意加熱時，鍋邊也要刮
到，質地才會均勻；英式奶醬
的特徵，請看p.200做法⑦的
說明。

3 將做法 ① 泡軟的吉利丁片
擠乾水分,再放入鍋內,
並用橡皮刮刀攪至吉利丁
片完全融化。

➡ 須注意鍋邊也要刮到,質地
才會均勻細緻。

4 接著將黑芝麻粉倒入鍋
內。

➡ 必須以新鮮的黑芝麻粉來
製作,不可出現油蒿味,成
品風味才會好。

5 用橡皮刮刀攪勻,確實將
黑芝麻粉融入奶醬中,即
成**黑芝麻英式奶醬**。

➡ 須耐心將黑芝麻粉攪勻,再
進行接下來的動作。

6 將做法 ⑤ 整個容器放在
冰塊水上降溫至冷卻,
同時用橡皮刮刀慢慢攪
動奶醬。

➡ 將奶醬隔冰塊水降溫至冷
卻,與慕絲的製作是相同原
則,請看p.157「慕絲餡料
的質地」。

7 將動物性鮮奶油攪打至五、
六分發左右,取約 1/3 的
分量倒入做法 ⑥ 的黑芝麻
奶醬內,稍微拌勻。

➡ 奶醬與打發鮮奶油的拌合方
式,與慕絲的製作是相同原
則,請看p.160「將打發的鮮
奶油與慕絲餡料拌合」。

8 再將剩餘的打發鮮奶油
全部倒入做法 ⑦ 內,用
橡皮刮刀拌勻,即成**黑
芝麻巴巴露糊**。

➡ 拌合鮮奶油的方式,請看
p.160的「將打發的鮮奶油
與慕絲餡料拌合」。

9 將巴巴露糊平均地倒入容
器內,約七、八分滿,接
著冷藏約３小時至凝固。

➡ 巴巴露糊倒入容器內的方
式,請看p.161的「慕絲糊倒
入容器內的方式」。

10 依 p.23 的做法,將焦糖
杏仁片製作完成,再取
適量放在已凝固的黑芝
麻巴巴露表面即可。

➡ 也可依個人喜好,參考p.18
~31利用其他的配料做裝
飾。

焦糖濃香巴巴露 佐 覆盆子醬

市售的OREO巧克力餅乾適合與乳製甜品作搭配，特別是在苦中帶甜的焦糖巴巴露中，具有緩和口感的效用，另外來一點酸甜覆盆子醬，會讓原本單純的焦糖巴巴露更加順口喔！

> **參考分量**
> 155 cc的容器約 **4** 杯

材料

搭配

覆盆子醬
（請看 **p.19** 的材料）
巧克力鮮奶油
（請看 **p.22** 的材料）
蛋白蜂蜜脆條
（請看 **p.31** 的材料）
無糖可可粉　適量

焦糖巧克力餅乾巴巴露

吉利丁片	1 又 1/2 片
蛋黃	1 個（約 18~20 克）
鮮奶	50 克
動物性鮮奶油	50 克
細砂糖	65 克
水	15 克
動物性鮮奶油	140 克
OREO 巧克力餅乾	30 克

做 法

1 依 p.19 的做法，將覆盆子醬製作完成，再取適量倒入容器內備用。

→ 可依個人喜好，斟酌覆盆子醬的用量。

2 容器內放入冰開水及冰塊，再將吉利丁片放入冰塊水內浸泡至軟化。

→ 冰塊水須完全覆蓋吉利丁片，要確實泡軟。

3 將蛋黃放在容器內備用。

→ 注意容器不可過小，以方便拌合動作。

4 將鮮奶及動物性鮮奶油秤在同一個容器內，並放在熱水中隔水加熱；熄火後仍須持續放在熱水上保持溫度。

→ 將鮮奶及動物性鮮奶油一起加熱後，再倒入焦糖液內（做法⑤），可避免溫差過大而讓焦糖液結粒；注意熱水不要沸騰，以免將動物性鮮奶油加熱過度，而造成乳脂肪分離。

5 依 p.78 的做法 ①～⑤，將細砂糖 65 克及水 15 克煮成焦糖液。

➡ 注意焦糖液不要煮過頭，以免味道變苦，影響成品的風味。

6 待焦糖液的滾沸泡沫稍微穩定時，再將做法 ④ 溫熱的鮮奶及動物性鮮奶油混合液分次慢慢倒入鍋內。

➡ 此時焦糖液的溫度仍很高，千萬不要快速地邊倒邊攪，以免沸騰濺出；應分次慢慢倒完後再攪勻。

7 倒完鮮奶及動物性鮮奶油後，用耐熱橡皮刮刀慢慢攪勻後，再慢慢倒入做法 ③ 的蛋黃內，並用攪拌器邊攪拌。

➡ 如部分焦糖液有結粒現象，可在接下來的加熱動作中，繼續攪勻融化。

8 做法 ⑦ 攪勻後，接著再倒回煮鍋內。

➡ 沾黏在容器上的濃稠蛋黃焦糖糊，須儘量刮乾淨。

9 接著再開小火稍微加熱，並用耐熱橡皮刮刀不停地攪拌，並確實將少許結粒的焦糖攪至融化。

➡ 再度加熱，是為了將焦糖奶醬的溫度再提高些，以方便融化吉利丁片；但不可加熱過度，以免將蛋黃燙熟結粒。

10 將做法 ② 泡軟的吉利丁片擠乾水分，再放入鍋內，並用橡皮刮刀攪至吉利丁片完全融化。

➡ 須注意鍋邊也要刮到，質地才會均勻細緻。

11 將做法 ⑩ 整個容器放在冰塊水上降溫至冷卻，同時用橡皮刮刀慢慢攪動焦糖奶醬。

➡ 將奶醬隔冰塊水降溫至冷卻，與慕絲的製作是相同原則，請看p.157「慕絲餡料的質地」。

12 將動物性鮮奶油攪打至五、六分發左右，分 2 次倒入做法 ⑪ 的焦糖奶醬內，用橡皮刮刀拌勻，即成**焦糖巴巴露糊**。

➡ 奶醬與打發鮮奶油的拌合方式，與慕絲的製作是相同原則，請看p.160「將打發的鮮奶油與慕絲餡料拌合」。

13 用手將 OREO 巧克力餅乾掰成小塊，再倒入做法 ⑫ 的巴巴露糊內，用橡皮刮刀攪勻。

➡ 巴巴露糊內含焦糖液，所以巴巴露糊一旦降溫後，即會呈現濃稠狀，因此可省略隔冰塊水降溫的動作，接著可將OREO巧克力餅乾倒入；可依個人喜好，斟酌巧克力餅的用量。

14 將巴巴露糊平均地倒入做法 ① 的容器內，約七、八分滿，接著冷藏約 3 小時至凝固。

➡ 巴巴露糊倒入容器內的方式，請看p.161的「慕絲糊倒入容器內的方式」。

15 依p.22及p.31的做法，將巧克力鮮奶油及蛋白蜂蜜脆條製作完成。在凝固的巴巴露表面以垂直方式擠出鮮奶油（如p.197做法⑭），再篩些無糖可可粉，最後放上蛋白脆條裝飾即可。

➡ 也可依個人喜好，斟酌是否要篩無糖可可粉，另可參考p.20其他的「餅乾類」做裝飾。

芒果巴巴露佐新鮮水果

將水果果泥製成水果風的巴巴露，然後再搭配一堆新鮮水果一起食用，是這道成品的設計概念；因此隨興地依個人喜好來做變換，是輕而易舉的事喔！

參考分量
65 cc的容器約 5 杯

材料

夾心

香酥粒	（請看 p.28 的材料）

芒果巴巴露

吉利丁片	1 又 1/2 片
蛋黃	1 個（約 18~20 克）
細砂糖	20 克
鮮奶	80 克
檸檬皮屑	1 小匙
芒果果泥（冷凍產品）	65 克
動物性鮮奶油	80 克

搭配

覆盆子醬	（請看 p.19 的材料）
巧克力條	（請看 p.31 的材料）
櫻桃、奇異果、藍莓、草莓	適量

做 法

1 依 p.28 的做法，將香酥粒製作完成，再取適量倒入容器內備用。

➡ 也可依個人喜好，參考p.26其他的「餅乾類」做夾心。

2 容器內放入冰開水及冰塊，再將吉利丁片放入冰塊水內浸泡至軟化。

➡ 冰塊水須完全覆蓋吉利丁片，要確實泡軟。

3 依p.200做法①~⑤，將熱鮮奶煮好後，慢慢倒入乳黃色的蛋黃糊內，接著再將容器內的混合液（熱鮮奶及蛋黃糊）倒回鍋內。

➡ 沾黏在容器上的濃稠液，也要刮乾淨。

4 接著將事先刨好的檸檬皮屑倒入鍋內，用橡皮刮刀攪勻。

➡ 只要刨入檸檬皮的綠色表層，不要刨到白色筋膜部分，以免口感苦澀，也可改用柳橙皮屑代替。

5 再開小火加熱，並用耐熱橡皮刮刀不停地攪拌，直到鍋內的蛋黃鮮奶糊溫度約達80~85℃，呈濃稠狀即熄火，即成**檸檬英式奶醬**。

➡ 注意加熱時，鍋邊也要刮到，質地才會均勻；英式奶醬的特徵，請看p.200做法⑦的說明。

6 將做法② 泡軟的吉利丁片擠乾水分，再放入鍋內，並用橡皮刮刀攪至吉利丁片完全融化。

➡ 須注意鍋邊也要刮到，質地才會均勻細緻。

7 將做法⑥ 的檸檬奶醬以篩網過篩。

➡ 藉由過篩動作，濾掉檸檬皮屑，並用橡皮刮刀將附著在篩網上濃稠的奶醬儘量壓過篩網，以減少損耗。

8 最後用橡皮刮刀將融化的芒果果泥刮入容器內，用橡皮刮刀攪勻。

➡ 秤出所需的冷凍芒果果泥後，須先放在室溫下回溫融化再使用；沾黏在容器上的芒果果泥，須儘量刮乾淨。

9 將做法⑧ 整個容器放在冰塊水上降溫至冷卻，同時用橡皮刮刀慢慢攪動奶醬。

➡ 將奶醬隔冰塊水降溫至冷卻，與慕絲的製作是相同原則，請看p.157「慕絲餡料的質地」。

10 將動物性鮮奶油攪打至五、六分發左右，分2次倒入做法⑨ 的芒果奶醬內，用橡皮刮刀拌勻，即成**芒果巴巴露糊**。

➡ 拌合鮮奶油的方式，請看p.160的「將打發的鮮奶油與慕絲餡料拌合」。

11 將巴巴露糊裝入擠花袋內（或塑膠袋內），在袋口尖處剪一洞口，再平均地擠入容器內，約八分滿，接著冷藏約3小時至凝固。

➡ 巴巴露糊倒入容器內的方式，請看p.161的「慕絲糊倒入容器內的方式」。

12 依p.19的做法，將覆盆子醬製作完成，取適量淋在凝固的巴巴露表面，並依p.31的做法，將巧克力條製作完成，連同櫻桃、奇異果、藍莓及草莓，放在成品表面裝飾即可。

➡ 可依個人喜好，參考p.18~31利用其他的配料做裝飾。

香蕉巧克力巴巴露

單純品嚐巧克力製成的甜品，確實較能感受濃、純、香的氣味，但化口性極佳的巧克力往往也能與諸多食材融為一體，創造出更讓人驚喜的滋味；這款巴巴露中的濃郁香蕉泥，則是扮演好搭檔的角色，絕不會掩蓋巧克力應有的姿色。

參考分量
155 cc的容器約 **4** 杯

材料

夾心

可可圓餅
（請看 **p.27** 的材料）

焦糖夏威夷果仁
（請看 **p.23** 的材料）

搭配

巧克力鮮奶油　　　a
（請看 **p.22** 的材料）

覆盆子醬
（請看 **p.19** 的材料）　b

脆糖開心果
（請看 **p.24** 的材料）

香蕉巧克力巴巴露

吉利丁片	1 又 1/2 片
苦甜巧克力	75 克
香蕉	65 克（去皮後）
蛋黃 **2** 個（約 **36~40** 克）	
細砂糖	10 克
鮮奶	170 克
細砂糖	30 克
水	10 克
蛋白	20 克
動物性鮮奶油	50 克

做　法

1　依 p.27 的做法，將可可圓餅製作完成，將每個容器內放入一片可可圓餅，依 p.15 的做法，將酒糖液製作完成，用刷子沾取適量酒糖液刷在圓餅上備用。

➡ 請看p.15「為何要在蛋糕體上刷酒糖液？」。也可依個人喜好，改用p.26的原味圓餅。

2　依 p.23 的做法，將焦糖夏威夷果仁製作完成，取適量放入容器內備用。

➡ 也可依個人喜好，將夏威夷果仁改成其他堅果。

3　容器內放入冰開水及冰塊，再將吉利丁片放入冰塊水內浸泡至軟化。

➡ 冰塊水須完全覆蓋吉利丁片，要確實泡軟。

4　將苦甜巧克力倒入小鍋內，並將小鍋子放在另一個有加水的鍋中，準備以隔水方式來加熱。

➡ 以隔水方式來加熱，可避免融化巧克力的溫度過高，而造成可可脂分離現象。

5 接著開小火加熱，同時一邊攪拌，直到苦甜巧克力融化，即將小鍋離開熱水備用。

➥ 邊加熱邊攪拌，有助於苦甜巧克力快速融化，須用富含可可脂的苦甜巧克力來製作，口感較好；不同含量比例的可可脂均可，可依個人的喜好或方便選購製作。

6 將香蕉放入塑膠袋內，用擀麵棍敲成泥狀。

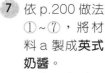

➥ 儘量選用熟透的香蕉來製作，質地較軟，風味較足；香蕉質地很軟，很容易用各式方式打成泥狀。

7 依 p.200 做法①~⑦，將材料 a 製成**英式奶醬**。

➥ 注意加熱時，鍋邊也要刮到，質地才會均勻；英式奶醬的特徵，請看p.200做法⑦的說明。

8 再將做法③泡軟的吉利丁片擠乾水分，再放入鍋內，並用橡皮刮刀攪至吉利丁片完全融化。

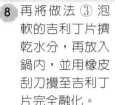

➥ 須注意鍋邊也要刮到，質地才會均勻細緻。

9 用橡皮刮刀將做法⑤的苦甜巧克力液刮入鍋內，並用橡皮刮刀攪勻。

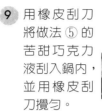

➥ 沾黏在容器上的苦甜巧克力液也要刮乾淨。

10 將做法⑥的香蕉泥倒入鍋內，並用橡皮刮刀攪勻，即成**巧克力香蕉奶醬**。

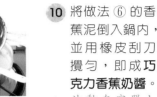

➥ 沾黏在容器上的香蕉泥也要刮乾淨，以減少損耗，最後淨重約為60克。

11 將巧克力香蕉奶醬以篩網過篩，並用橡皮刮刀按壓篩網上的香蕉泥。

➥ 藉由過篩動作，可使香蕉泥更細緻。

12 依 p.30 的做法，將材料 b 製作成義大利蛋白霜，靜置室溫下備用。

➥ 在製作義大利蛋白霜的同時，可將做法⑪的巧克力香蕉奶醬隔冰塊水降溫冷卻。

13 用橡皮刮刀將做法⑫冷卻的義大利蛋白霜，刮入做法⑪巧克力香蕉奶醬內，稍微攪勻。

➥ 拌合前必須確認巧克力香蕉奶醬已呈冷卻濃稠狀，否則必須先隔冰塊水冷卻再拌合，以免拌合後會讓蛋白霜消泡化水。

14 將動物性鮮奶油攪打至五、六分發左右，全部倒入做法⑬內，用橡皮刮刀拌勻，即成**香蕉巧克力巴巴露糊**。

➥ 奶醬與打發鮮奶油的拌合方式，與慕絲的製作是相同原則，請看p.160的「將打發的鮮奶油與慕絲餡料拌合」。

15 將巴巴露糊平均地倒入做法②的容器內，約八、九分滿，接著冷藏約3小時至凝固。

➥ 巴巴露糊倒入容器內的方式，請看p.161的「慕絲糊倒入容器內的方式」。

16 依 p.22 及 p.19 的做法，將巧克力鮮奶油及覆盆子醬製作完成，利用花環大花嘴將巧克力鮮奶油以垂直方式擠在凝固的表面，再將覆盆子醬淋在巧克力鮮奶油的中心處即可。

➥ 慕絲表面的擠花樣式，可隨個人喜好擠製；可依個人喜好，參考p.18~31利用其他的配料做裝飾。

17 依 p.24 的做法，將絞碎的脆糖開心果製作完成，再取適量撒在巧克力鮮奶油的周圍。

➥ 也可依個人喜好，將開心果改成其他堅果。

花環大花嘴
呈透明狀的大花嘴，外圈有26個尖齒，中心連接一個圓錐體；擠出的麵糊呈中空環狀，可用於打發鮮奶油及餅乾麵糊的擠製，並在空心處填上餡料，外形獨特，請參考《孟老師的100多道手工餅乾》一書p.139的「花環焦糖杏仁餅乾」。

奶油乳酪巴巴露 佐 水蜜桃

將罐頭水蜜桃覆蓋一層紅通通的覆盆子醬，增添更豐富的酸甜口味，此外，還有檸檬及百香果增香提味，因為無論如何新鮮水果永遠是奶油乳酪的最佳搭檔。

參考分量
155 cc的容器約 **6** 杯

材料
夾心

新鮮藍莓	**70** 克

奶油乳酪巴巴露

吉利丁片	**1** 又 **1/2** 片
蛋黃	**2** 個（約 **36~40** 克）
細砂糖	**40** 克
鮮奶	**180** 克
奶油乳酪（**cream cheese**）	**50** 克
檸檬皮屑	**1** 小匙
檸檬汁	**15** 克
百香果果泥（冷凍產品）	**30** 克
動物性鮮奶油	**120** 克

搭配

罐頭水蜜桃	**6** 瓣
覆盆子淋醬	（請看 **p.19** 的材料）

做法

1 將新鮮藍莓洗乾淨瀝乾水分，並用廚房紙巾擦乾，取適量放入容器內備用。

➡ 整粒的新鮮藍莓不會釋出水分，適合放入容器內當做夾心配料。

2 容器內放入冰開水及冰塊，再將吉利丁片放入冰塊水內浸泡至軟化。

➡ 冰塊水須完全覆蓋吉利丁片，要確實泡軟。

3 依 p.200 做法 ①~⑦，將蛋黃、細砂糖及鮮奶製成**英式奶醬**。

➡ 注意加熱時，鍋邊也要刮到，質地才會均勻；英式奶醬的特徵，請看p.200做法 ⑦ 的說明。

4 將奶油乳酪秤好，放在室溫下回軟後，倒入熱奶醬內，利用耐熱橡皮刮刀將奶油乳酪攪散壓軟，即成**奶油乳酪英式奶醬**。

➡ 用小湯匙（或用手）可輕易地將奶油乳酪壓出凹痕，確實回軟後，才能與奶醬混合攪勻；用壓的方式，較能將奶油乳酪與奶醬融為一體，如有些小顆粒很難壓碎，可在材料全部加完後，再過篩濾出細緻的質地。

5 將做法 ② 泡軟的吉利丁片擠乾水分，再放入鍋內，並用橡皮刮刀攪至吉利丁片完全融化。

➡ 須注意鍋邊也要刮到，質地才會均勻細緻。

6 將事先刨好的檸檬皮屑及檸檬汁倒入鍋內，用橡皮刮刀攪勻。

➡ 也可改用柳橙皮屑及柳橙汁增加香氣與風味。

7 將做法 ⑥ 的奶油乳酪奶醬以篩網過篩。

➡ 藉由過篩動作，濾掉檸檬皮屑，並用橡皮刮刀將附著在篩網上濃稠的奶醬儘量壓過篩網，以減少損耗。

8 將做法 ⑦ 的奶醬秤取出約 60 克，與百香果果泥混合攪勻。

➡ 混合後並凝固，其質地有如百香果口味的奶酪。

9 將做法 ⑧ 百香果奶醬平均地倒入做法 ① 的容器內，接著冷藏約 1 小時至表層凝固。

➡ 倒入容器內的奶醬會覆蓋新鮮藍莓。

10 做法 ⑦ 所剩餘的奶醬漸漸冷卻後，質地會呈濃稠狀，因此可省略冰鎮的動作。

➡ 在進行做法⑧~⑨的動作之後，還須等待做法⑨的奶酪表層稍微凝固，這段時間足以讓做法⑦的奶醬冷卻呈濃稠狀，因此可省略冰鎮的動作。

11 將動物性鮮奶油攪打至五、六分發左右，分 2 次倒入做法 ⑦ 的奶油乳酪奶醬內，用橡皮刮刀拌勻，即成**奶油乳酪巴巴露糊**。

➡ 奶醬與打發鮮奶油的拌合方式，與慕絲的製作是相同原則，請看p.160「將打發的鮮奶油與慕絲餡料拌合」。

12 將巴巴露糊平均地倒入做法 ⑨ 的容器內，約八分滿，接著冷藏約 3 小時至凝固。

➡ 巴巴露糊倒入容器內的方式，請看p.161的說明，百香果奶醬及巴巴露糊這2種口味的分量約為1:1。

13 依 p.19 的做法，將覆盆子淋醬製作完成：在工作台上鋪一張保鮮膜，再放上網架備用。

➡ 鋪上保鮮膜，在淋醬滴落後，可方便將保鮮膜捲起並用手將淋醬擠出再回收使用。

14 水蜜桃放在網架上，將冷卻後的覆盆子淋醬慢慢淋在水蜜桃表面，待覆蓋後的淋醬滴落停止時，再用小抹刀（或小的水果刀）剷起來，慢慢放入做法 ⑫ 的巴巴露表面，再冷藏至覆盆子淋醬凝固即可。

➡ 如以半顆罐頭水蜜桃放在成品表面時，首先必須確認容器的口徑大小，才能順利將水蜜桃放入容器內。

紅石榴蘋果巴巴露

利用紅石榴鮮紅的純汁，製成清香的巴巴露，還能煮出紅通通的軟Q蘋果，其色澤及香氣，絕對能媲美紅酒燴煮的效果；品嚐時，再另加透心涼的香橙酒晶冰，堪稱絕妙好滋味。

參考分量
150 cc的容器約 **3** 杯

材料

紅石榴巴巴露

吉利丁片	**2** 片
蛋黃	1 個（約 **18~20** 克）
細砂糖	**20** 克
鮮奶	**90** 克
紅石榴純汁	**100** 克
香橙酒	1 小匙
動物性鮮奶油	**85** 克

紅石榴燴蘋果

蘋果	**200** 克（去皮去籽）
細砂糖	**25** 克
香草莢	1/2 根
紅石榴純汁	**90** 克
香橙酒	**15** 克

搭配

香橙酒晶冰 （請看 **p.29** 的材料）

做 法

1 紅石榴巴巴露：容器內放入冰開水及冰塊，再將吉利丁片放入冰塊水內浸泡至軟化。

➡ 冰塊水須完全覆蓋吉利丁片，要確實泡軟。

2 依 p.200 做法 ①~⑦，將蛋黃、細砂糖及鮮奶製成**英式奶醬**。

➡ 注意加熱時，鍋邊也要刮到，質地才會均勻；英式奶醬的特徵，請看 p.200做法⑦的說明。

3 將做法 ① 泡軟的吉利丁片擠乾水分，再放入鍋內，並用橡皮刮刀攪至吉利丁片完全融化。

➡ 須注意鍋邊也要刮到，質地才會均勻細緻。

4 將紅石榴純汁倒入鍋內，用橡皮刮刀攪勻，即成**紅石榴英式奶醬**。

➡ 是以新鮮的紅石榴榨汁製作，成品非常清爽可口，請看p.73的「紅石榴的榨汁方式」。

5 將香橙酒倒入鍋內，用橡皮刮刀攪勻。

➡ 也可改用蘭姆酒增加香氣與風味。

6 將做法 ⑤ 整個容器放在冰塊水上降溫至冷卻，同時用橡皮刮刀慢慢攪動奶醬。

➡ 將奶醬隔冰塊水降溫至冷卻，與慕絲的製作是相同原則，請看p.157「慕絲餡料的質地」。

7 將動物性鮮奶油攪打至五、六分發左右，取約 1/3 的分量倒入做法 ⑥ 的紅石榴奶醬內，稍微拌勻。

➡ 奶醬與打發鮮奶油的拌合方式，與慕絲的製作是相同原則，請看p.160「將打發的鮮奶油與慕絲餡料拌合」。

8 再將剩餘的打發鮮奶油全部倒入做法 ⑦ 內，繼續用橡皮刮刀拌勻，即成**紅石榴巴巴露糊**。

➡ 拌合鮮奶油的方式，請看p.160的「將打發的鮮奶油與慕絲餡料拌合」。

9 將巴巴露糊平均地倒入容器內，約七、八分滿，接著冷藏約 3 小時至凝固。

➡ 巴巴露糊倒入容器內的方式，請看p.161的「慕絲糊倒入容器內的方式」。

10 紅石榴燴蘋果：將蘋果、細砂糖及香草莢放入同一個煮鍋內。

➡ 也可改用硬一點的西洋梨或甜桃製作，蘋果削皮去籽後，一個切成12瓣的大小即可；有關香草莢的使用，請看p.77的說明。

11 接著將紅石榴純汁倒入鍋內，用橡皮刮刀攪勻。

➡ 請看p.73的「紅石榴的榨汁方式」。

12 接著開中小火加熱，煮到沸騰後，再轉成小火續煮約 5 分鐘左右。

➡ 加熱時，須用橡皮刮刀適時地攪動一下，好讓蘋果塊受熱均勻。

13 再將香橙酒倒入鍋內，續煮約 1~2 分鐘，直到蘋果果肉表層變軟並入味即可熄火；接下來靜置浸泡至少 1~2 小時，會更加入味。

➡ 煮好後不要立刻使用，應再浸泡一段時間會更加入味，以紅石榴純汁燴煮，蘋果果肉很容易上色；須注意不要加熱過度，以免失去軟Q口感。

14 將紅石榴蘋果切成丁狀，取適量倒入做法 ⑨ 凝固的巴巴露表面；依 p.29 事先將香橙酒晶冰製作完成，凝固後用湯匙刮鬆，再取適量放入表面。

➡ 紅石榴蘋果帶有微酸微甜的口感，可依個人喜好，斟酌添加的分量。

椰香巴巴露 佐 脆糖開心果

參見 DVD 示範

這道椰香巴巴露，除了必要的椰漿之外，還另加椰子粉增加香氣，因此入口時多了咀嚼感；為了提高視覺與味覺的驚喜效果，夾心配料不得忽略。

參考分量
70 cc的容器約 10 杯

材料

夾心

脆糖開心果	（請看 p.24 的材料）
覆盆子醬	（請看 p.19 的材料）

椰香巴巴露

吉利丁片	1 又 1/2 片
蛋黃	1 個（約 18~20 克）
細砂糖	20 克
鮮奶	80 克
椰子粉	15 克
椰漿	100 克
動物性鮮奶油	80 克

做 法

1 依 p.24 的做法，將絞碎的脆糖開心果製作完成，再取適量（約 5 克）倒入容器內備用。

➡ 也可依個人喜好，將開心果改成其他堅果。

2 依 p.19 的做法，將覆盆子醬製作完成，趁熱再另倒入苦甜巧克力 15 克（未列入上述材料內），用橡皮刮刀攪至融化，即成**巧克力覆盆子醬**，放涼備用。

➡ 加入苦甜巧克力，可增添不同的風味，醬汁成品也較濃稠，較不會與脆糖開心果混合。

3 將做法 ② 冷卻後的巧克力覆盆子醬，取適量（約 15 克）倒入做法 ① 的容器內。

➡ 可依個人喜好，斟酌巧克力覆盆子醬的分量。

4 容器內放入冰開水及冰塊，再將吉利丁片放入冰塊水內浸泡至軟化。

➡ 冰塊水須完全覆蓋吉利丁片，要確實泡軟。

5 依p.200做法①~⑤，將鮮奶加熱後，慢慢地倒入乳黃色的蛋黃糊內，同時須用攪拌器不停地攪拌。

➡ 要邊倒邊攪，以免將蛋黃糊燙熟而結粒。

6 將做法 ⑤ 的熱鮮奶倒完並攪勻後，接著再倒回煮鍋內。

➡ 沾黏在容器上的濃稠蛋黃鮮奶糊，須儘量刮乾淨。

7 再將椰子粉倒入鍋內，用橡皮刮刀攪勻。

➡ 可依個人喜好，將椰子粉的分量做增減。

8 接著再開小火加熱，並用耐熱橡皮刮刀不停地攪拌，直到鍋內的蛋黃鮮奶糊溫度約達 80~85℃，呈濃稠狀即熄火，加了椰子粉的英式奶醬即製作完成。

➡ 注意加熱時，鍋邊也要刮到，質地才會均勻；英式奶醬的特徵，請看p.200做法⑦的說明。

9 將做法 ④ 泡軟的吉利丁片擠乾水分，再放入鍋內，並用橡皮刮刀攪至吉利丁片完全融化。

➡ 須注意鍋邊也要刮到，質地才會均勻細緻。

10 接著將椰漿刮入鍋內，用橡皮刮刀攪勻，即成**椰香英式奶醬**，並放在冰塊水上降溫。

➡ 沾黏在容器上的椰漿，也要刮乾淨。

11 將動物性鮮奶油攪打至五、六分發左右，分 2 次倒入做法 ⑩ 的椰香奶醬內，用橡皮刮刀拌勻，即成**椰香巴巴露糊**。

➡ 拌合鮮奶油的方式，請看p.160的「將打發的鮮奶油與慕絲餡料拌合」；加了椰子粉的英式奶醬，質地較濃稠，因此只要確實冷卻後即可與打發鮮奶油拌合，可省略隔冰塊水冷卻的動作。

12 將巴巴露糊裝入擠花袋內（或塑膠袋內），再平均地擠入容器內，約七、八分滿，接著冷藏約 2 小時至凝固。

➡ 巴巴露糊倒入容器內的方式，請看p.161的「慕絲糊倒入容器內的方式」。

13 再將做法 ① 絞碎的脆糖開心果取適量撒在凝固的巴巴露表面，最後放上新鮮草莓及巧克力條裝飾（p.31）即可。

➡ 可依個人喜好，參考p.18~31利用其他的配料做裝飾。

馬斯卡邦巴巴露 佐 焦糖核桃

利用奶味十足的馬斯卡邦起士(mascarpone cheese)，製成原味及可可味的巴巴露，另加濃香的焦糖核桃以及柔和的果凍；多重的組合，迷人的滋味，值得花時間完成它喔！

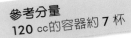

參考分量
120 cc的容器約 **7** 杯

材料

夾心

焦糖核桃（請看 **p.23** 的材料）

馬斯卡邦巴巴露

吉利丁片	2 片

a
蛋黃	2 個（約 36～40 克）
細砂糖	45 克
鮮奶	170 克
香草莢	1/2 根

馬斯卡邦起士	150 克
無糖可可粉	20 克
動物性鮮奶油	100 克

卡魯哇牛奶凍

吉利丁片	1 片
鮮奶	100 克
細砂糖	10 克
卡魯哇咖啡酒（Kahlua）	20 克

配料

杏仁粒薄片
（請看 **p.28** 的材料）

做 法

1 依 p.23 的做法，將焦糖核桃製作完成備用。

➡ 也可依個人喜好，將核桃改成其他堅果。

2 馬斯卡邦巴巴露：容器內放入冰開水及冰塊，再將吉利丁片放入冰塊水內浸泡至軟化。

➡ 冰塊水須完全覆蓋吉利丁片，要確實泡軟。

3 依 p.200 做法 ①～⑦，將材料 a 製成**英式奶醬**。

➡ 注意加熱時，鍋邊也要刮到，質地才會均勻；英式奶醬的特徵，請看p.200做法⑦的說明。

4 將回溫後的馬斯卡邦起士先攪散再倒入鍋內，用橡皮刮刀攪勻，即成**馬斯卡邦英式奶醬**。

➡ 利用熱奶醬的溫度，可輕易地將馬斯卡邦起士攪勻。

5 將做法 ② 泡軟的吉利丁片擠乾水分，再放入鍋內，並用橡皮刮刀攪至完全融化。

➡ 須注意鍋邊也要刮到，質地才會均勻細緻。

6 將做法 ⑤ 的馬斯卡邦英式奶醬秤取出約 180 克。

➡ 剩餘的奶醬，放在一旁備用，冷卻呈濃稠狀後，可省略隔冰塊水冷卻的動作。

7 將過篩後的無糖可可粉倒入做法 ⑥ 的奶醬內（180 克），用橡皮刮刀攪勻，即成可可口味的馬斯卡邦奶醬。

➡ 須耐心地將無糖可可粉攪勻，成品質地及口感才會好。

8 將動物性鮮奶油攪打至五、六分發左右，秤取約 1/2 的分量倒入做法 ⑦ 冷卻的可可馬斯卡邦奶醬內，用橡皮刮刀拌勻，即成**可可馬斯卡邦巴巴露糊**。

➡ 剩餘的 1/2 分量的打發鮮奶油，必須冷藏放置；奶醬與打發鮮奶油的拌合方式，請看 p.160「將打發的鮮奶油與慕絲餡料拌合」。

9 用橡皮刮刀將巴巴露糊裝入擠花袋（或塑膠袋）內，在袋子尖處剪一個洞口，再慢慢擠入容器內，約四、五分滿。

➡ 巴巴露糊倒入容器內的方式，請看 p.161 的說明。

10 接著取適量的焦糖核桃放在做法 ⑨ 的巴巴露糊的表面，冷藏約 1 小時稍微凝固。

➡ 只要冷藏稍微凝固時，即可接著倒入另一種巴巴露（做法 ⑫）；焦糖核桃不至於下沉。

11 從冰箱取出剩餘的打發鮮奶油（剩 1/2 的分量）全部拌入做法 ⑥ 剩餘的奶醬內，用橡皮刮刀攪勻，即成**馬斯卡邦巴巴露糊**。

➡ 請看 p.160 的「將打發的鮮奶油與慕絲餡料拌合」。

12 將馬斯卡邦巴巴露糊平均地倒入容器內，約八分滿，接著冷藏約 1~2 小時至表層凝固。

➡ 巴巴露糊倒入容器內的方式，請看 p.161 的說明。

13 卡魯哇牛奶凍：依做法 ② 的方式，將 1 片吉利丁片泡軟備用。將鮮奶及細砂糖一起放入鍋內，用小火邊加熱邊攪拌，將細砂糖煮至融化即熄火。

➡ 不要煮至沸騰，只要溫度達到約 40~50℃，可將吉利丁片融化的溫度即可，請看 p.14 的說明。

14 將做法 ⑬ 泡軟的吉利丁片擠乾水分，再放入鍋內，並用橡皮刮刀攪拌至吉利丁片完全融化。

➡ 須注意鍋邊也要刮到，質地才會均勻細緻。

15 將卡魯哇咖啡酒倒入鍋內，用橡皮刮刀攪勻，即成**卡魯哇牛奶液**。

➡ 如無法取得卡魯哇咖啡酒，可以其他的咖啡酒代替。

16 將做法 ⑮ 整個容器放在冰塊水上降溫至冷卻。

➡ 卡魯哇牛奶液分量不多，短時間內即會冷卻，即能倒入巴巴露表面。

17 將卡魯哇牛奶液平均地倒入做法 ⑫ 上，接著冷藏約 1~2 小時至凝固。

➡ 可依個人喜好，將卡魯哇牛奶液的分量作增減。

18 依 p.28 的做法，將杏仁粒薄片製作完成，放在表面做裝飾。

➡ 也可依個人喜好，參考 p.26 其他的「餅乾類」做裝飾。

西洋梨巴巴露

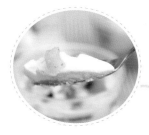

利用軟質的西洋梨製成巴巴露餡，另將硬質的西洋梨加以糖漬入味，同樣的素材，不同的運用，卻能表現多層次的口感。

參考分量
150 cc的容器約 5 杯

材料

糖漬西洋梨

水	120 克
細砂糖	45 克
香草莢	1/3 根
西洋梨（去皮後切成約 1 公分的丁狀）	300 克
香橙酒	1 小匙

西洋梨巴巴露

吉利丁片	1 又 1/2 片
西洋梨（去皮去籽）	120 克
蛋黃 1 個（約 20 克）	
細砂糖	30 克
鮮奶	85 克
檸檬汁	1 大匙
動物性鮮奶油	90 克

配料

打發動物性鮮奶油	約 50 克
太妃醬（請看 p.20 的材料）	

做 法

1 糖漬西洋梨：將水、細砂糖及香草莢一起放入鍋內。
➡ 有關香草莢的使用，請看 p.77 的說明。

2 接著開小火加熱，並用耐熱橡皮刮刀攪動，細砂糖慢慢融化後成為沸騰的糖水。
➡ 邊加熱邊用橡皮刮刀攪動，除了可加速融化細砂糖外，也可使糖水受熱均勻。

3 接著將西洋梨倒入鍋內，用橡皮刮刀攪勻，繼續用小火加熱。
➡ 儘量選用質地較硬的新鮮西洋梨，較耐煮入味，煮好的口感較軟Q。

4 煮到沸騰時，接著將香橙酒倒入鍋內，用橡皮刮刀攪勻，繼續用小火加熱。
➡ 必須邊加熱邊攪拌，以免糖汁焦化；也可改用蘭姆酒增加香氣與風味。

5 最後改用中火拌炒，將糖水收乾即可熄火，即成**糖漬西洋梨**。

➡ 注意不要過度加熱，以免失去軟Q香甜的口感。

6 將適量糖漬西洋梨倒入容器內備用。

➡ 依個人喜好，斟酌糖漬西洋梨的分量。

7 西洋梨巴巴露：容器內放入冰開水及冰塊，再將吉利丁片放入冰塊水內浸泡至軟化。

➡ 冰塊水須完全覆蓋吉利丁片，要確實泡軟。

8 將西洋梨切成小塊，放入均質機內打成無顆粒狀又細緻的泥狀備用。

➡ 儘量選用質地較軟的西洋梨，甜度較高，香氣較足，必須切成小塊，較能快速攪打成果泥狀。

9 依 p.200 做法 ①~⑦，將蛋黃、細砂糖及鮮奶製成**英式奶醬**。

➡ 注意加熱時，鍋邊也要刮到，質地才會均勻；英式奶醬的特徵，請看 p.200 做法 ⑦ 的說明。

10 將做法 ⑦ 泡軟的吉利丁片擠乾水分，再放入鍋內，並用橡皮刮刀攪至吉利丁片完全融化。

➡ 須注意鍋邊也要刮到，質地才會均勻細緻。

11 接著將檸檬汁倒入鍋內，用橡皮刮刀攪勻。

➡ 也可改用柳橙汁增加香氣與風味。

12 將做法 ⑧ 的西洋梨果泥倒入鍋內，用橡皮刮刀攪勻。

➡ 沾黏在容器上的西洋梨果泥，須儘量刮乾淨。

13 將做法 ⑫ 整個容器放在冰塊水上降溫至冷卻，同時用橡皮刮刀慢慢攪動。

➡ 將奶醬隔冰塊水降溫至冷卻，與慕絲的製作是相同原則，請看 p.157「慕絲餡料的質地」。

14 將動物性鮮奶油攪打至五、六分發左右，分 2 次倒入做法 ⑬ 的西洋梨奶醬內，用橡皮刮刀拌勻，即成**西洋梨巴巴露糊**。

➡ 奶醬與打發鮮奶油的拌合方式，與慕絲的製作是相同原則，請看 p.160「將打發的鮮奶油與慕絲餡料拌合」。

15 將巴巴露糊平均地倒入做法 ⑥ 的容器內，約八分滿，接著冷藏約 3 小時至凝固。

➡ 巴巴露糊倒入容器內的方式，請看 p.161 的說明。

16 如 p.160 的圖 ①，將動物性鮮奶油打發及 p.20 的做法，將太妃醬製作完成，在凝固的巴巴露表面擠出花飾及線條做裝飾。

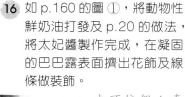

➡ 也可依個人喜好，參考 p.18~31 其他的配料做裝飾。

17 最後將做法 ⑤ 的糖漬西洋梨，取適量放入巴巴露表面。

➡ 可依個人喜好，斟酌放入糖漬西洋梨的用量。

西洋梨

西洋梨又稱洋梨、葫蘆梨，香港俗稱啤梨，品種很多；果實經過後熟後，質地會變軟，汁多香甜，具營養價值的水果；也適合用於各式西點中，像紅酒燴洋梨就是一道非常經典的甜點。

紅茶巧克力巴巴露 佐 酒漬櫻桃果凍

這道巴巴露中的紅茶及巧克力用量都不多,但組合後所散發的香氣,卻能明顯地在味蕾中綻放,特別是再搭配帶有酒香的果凍,口感更加豐富。

參考分量
90 cc的容器約 **12** 杯

材料

紅茶巧克力巴巴露

吉利丁片	2 又 1/2 片
伯爵茶茶包	2 包
熱水	100 克
馬斯卡邦起士(mascarpone cheese)	100 克
蛋黃 2 個(約 36~40 克)	
細砂糖	40 克
鮮奶	170 克
苦甜巧克力	30 克
動物性鮮奶油	100 克

酒漬櫻桃凍

酒漬櫻桃	48 粒
吉利丁片	2 片
冷開水	120 克
細砂糖	20 克
酒漬櫻桃酒	75 克

做法

1 容器內放入冰開水及冰塊,再將吉利丁片放入冰塊水內浸泡至軟化。

➡ 冰塊水須完全覆蓋吉利丁片,要確實泡軟。

2 將茶包浸泡在熱水中，約10分鐘後擠出茶汁備用，重量約85克。

➡ 每包茶包內的茶葉淨重約2克，可依個人的口感偏好，增減茶包的用量；如無法取得伯爵茶茶包，則以一般紅茶製作。

3 馬斯卡邦起士盛在容器中，然後將做法②的茶汁倒入混合攪勻備用。

➡ 軟質的馬斯卡邦起士很容易與液體混合攪勻，所以必須耐心地攪至均勻且無顆粒的狀態。

4 依p.200做法①~⑦，將蛋黃、細砂糖及鮮奶製成**英式奶醬**。

➡ 注意加熱時，鍋邊也要刮到，質地才會均勻；英式奶醬的特徵，請看p.200做法⑦的說明。

5 將做法①泡軟的吉利丁片擠乾水分，再放入鍋內，並用橡皮刮刀攪至吉利丁片完全融化。

➡ 須注意鍋邊也要刮到，質地才會均勻細緻。

6 將苦甜巧克力倒入鍋內，用橡皮刮刀攪至巧克力完全融化。

➡ 須用富含可可脂的苦甜巧克力來製作，口感較好；不同含量比例的可可脂均可，可依個人的喜好或方便選購製作。

7 將做法③的茶汁及馬斯卡邦起士混合液倒入鍋內，用橡皮刮刀攪勻。

➡ 攪拌時，如尚有未攪散的顆粒，須確實攪勻。

8 將做法⑦整個容器放在冰塊水上降溫至冷卻，同時用橡皮刮刀慢慢攪動。

➡ 將奶醬隔冰塊水降溫至冷卻，與慕絲的製作是相同原則，請看p.157「慕絲餡料的質地」。

9 將動物性鮮奶油攪打至五、六分發左右，取約1/3的分量倒入做法⑧內，稍微拌勻。

➡ 奶醬與打發鮮奶油的拌合方式，與慕絲的製作是相同原則，請看p.160「將打發的鮮奶油與慕絲餡料拌合」。

10 再將剩餘的打發鮮奶油全部倒入做法⑨內，用橡皮刮刀拌勻，即成**巧克力茶汁馬斯卡邦巴巴露糊**。

➡ 拌合鮮奶油的方式，請看p.160的「將打發的鮮奶油與慕絲餡料拌合」。

11 將巴巴露糊平均地倒入容器內，約七分滿，接著冷藏約1小時至表層凝固。

➡ 巴巴露糊倒入容器內的方式，請看p.161的說明。

12 當做法⑪的巴巴露表層稍微凝固時，即可放入酒漬櫻桃。

➡ 只要巴巴露的表層成為固態狀（不黏手），即可接著放入酒漬櫻桃及果凍液。

13 依p.61「酒漬櫻桃果凍」的做法，將**酒漬櫻桃果凍液**製作完成，隔冰塊水冷卻後，慢慢倒入做法⑫的酒漬櫻桃表面。

➡ 倒入的果凍液，約可覆蓋酒漬櫻桃，當然也可依個人喜好，斟酌用量。

【附　錄】

全 省 烘 焙 材 料 行

台北市

燈燦
103 台北市大同區民樂街 125 號
(02)2553-4495

日盛（烘焙機具）
103 台北市大同區太原路 175 巷 21 號 1 樓
(02)2550-6996

洪春梅
103 台北市民生西路 389 號
(02)2553-3859

果生堂
104 台北市中山區龍江路 429 巷 8 號
(02)2502-1619

申崧
105 台北市松山區延壽街 402 巷 2 弄 13 號
(02)2769-7251

義興
105 台北市富錦街 574 巷 2 號
(02)2760-8115

正大（康定）
108 台北市萬華區康定路 3 號
(02)2311-0991

源記（崇德）
110 台北市信義區崇德街 146 巷 4 號 1 樓
(02)2736-6376

日光
110 台北市信義區莊敬路 341 巷 19 號 1 樓
(02)8780-2469

飛訊
111 台北市士林區承德路四段 277 巷 83 號
(02)2883-0000

得宏
115 台北市南港區研究院路一段 96 號
(02)2783-4843

菁乙
116 台北市文山區景華街 88 號
(02)2933-1498

全家（景美）
116 台北市羅斯福路五段 218 巷 36 號 1 樓
(02)2932-0405

基隆

美豐
200 基隆市仁愛區孝一路 36 號 1 樓
(02)2422-3200

富盛
200 基隆市仁愛區曲水街 18 號 1 樓
(02)2425-9255

嘉美行
202 基隆市中正區豐稔街 130 號 B1
(02)2462-1963

證大
206 基隆市七堵區明德一路 247 號
(02)2456-6318

新北市

大家發
220 新北市板橋區三民路一段 101 號
(02)8953-9111

全成功
220 新北市板橋區互助街 36 號（新埔國小旁）
(02)2255-9482

旺達
220 新北市板橋區信義路 165 號 1F
(02)2952-0808

聖寶
220 新北市板橋區觀光街 5 號
(02)2963-3112

佳佳
231 新北市新店區三民路 88 號
(02)2918-6456

艾佳（中和）
235 新北市中和區宜安路 118 巷 14 號
(02)8660-8895

安欣
235 新北市中和區連城路 389 巷 12 號
(02)2226-9077

全家（中和）
235 新北市中和區景安路 90 號
(02)2245-0396

馥品屋
238 新北市樹林區大安路 173 號
(02)8675-1687

鼎香居
242 新北市新莊區新泰路 408 號
(02)2998-2335

永誠
239 新北市鶯歌區文昌街 14 號
(02)2679-8023

崑龍
241 新北市三重區永福街 242 號
(02)2287-6020

今今
248 新北市五股區四維路 142 巷 15、16 號
(02)2981-7755

宜蘭

欣新
260 宜蘭市進士路 155 號
(03)936-3114

裕明
265 宜蘭縣羅東鎮純精路二段 96 號
(03)954-3429

桃園

艾佳（中壢）
320 桃園縣中壢市環中東路二段 762 號
(03)468-4558

家佳福
324 桃園縣平鎮市環南路 66 巷 18 弄 24 號
(03)492-4558

陸光
334 桃園縣八德市陸光街 1 號
(03)362-9783

艾佳（桃園）
330 桃園市永安路 281 號
(03)332-0178

做點心過生活
330 桃園市復興路 345 號
(03)335-3963

新竹

永鑫
300 新竹市中華路一段 193 號
(03)532-0786

力陽
300 新竹市中華路三段 47 號
(03)523-6773

新盛發
300 新竹市民權路 159 號
(03)532-3027

萬和行
300 新竹市東門街 118 號（模具）
(03)522-3365

康迪
300 新竹市建華街 19 號
(03)520-8250

富讚
300 新竹市港南里海埔路 179 號
(03)539-8878

艾佳（竹北）
新竹縣竹北市成功八路 286 號
(03)550-5369

Home Box 生活素材館
320 新竹縣竹北市縣政二路 186 號
(03)555-8086

台中

總信
402 台中市南區復興路三段 109-4 號
(04)2220-2917

永誠
403 台中市西區民生路 147 號
(04)2224-9876

永誠
403 台中市西區精誠路 317 號
(04)2472-7578

德麥（台中）
402 台中市西屯區黎明路二段 793 號
(04)2252-7703

永美
404 台中市北區健行路 665 號（健行國小對面）
(04)2205-8587

齊誠
404 台中市北區雙十路二段 79 號
(04)2234-3000

利生
407 台中市西屯區西屯路二段 28-3 號
(04)2312-4339

辰豐
407 台中市西屯區中清路 151 之 25 號
(04)2425-9869

廣三SOGO百貨
台中市中港路一段 299 號
(04)2323-3788

豐榮食品材料
420 台中市豐原區三豐路 317 號
(04)2522-7535

彰化

敬崎（永誠）
500 彰化市三福街 195 號
(04)724-3927

家庭用品店
500 彰化市永福街 14 號
(04)723-9446

億全
500 彰化市中山路二段 306 號
(04)726-9774

永誠
508 彰化縣和美鎮彰新路 2 段 202 號
(04)733-2988

金永誠
510 彰化縣員林鎮員水路 2 段 423 號
(04)832-2811

南投

順興
542 南投縣草屯鎮中正路 586-5 號
(04)9233-3455

信通行
542 南投縣草屯鎮太平路二段 60 號
(04)9231-8369

宏大行
545 南投縣埔里鎮清新里永樂巷 16-1 號
(04)9298-2766

嘉義

新瑞益（嘉義）
660 嘉義市仁愛路 142-1 號
(05)286-9545

采軒（兩隻寶貝）
600 嘉義市博東路 171 號
(05)275-9900

雲林

新瑞益（雲林）
630 雲林縣斗南鎮七賢街 128 號
(05)596-3765

好美
640 雲林縣斗六市中山路 218 號
(05)532-4343

彩豐
640 雲林縣斗六市西平路 137 號
(05)534-2450

台南

瑞益
700 台南市中區民族路二段 303 號
(06)222-4417

富美
704 台南市北區開元路 312 號
(06)237-6284

世峰
703 台南市北區大興街 325 巷 56 號
(06)250-2027

玉記（台南）
703 台南市中西區民權路三段 38 號
(06)224-3333

永昌（台南）
701 台南市東區長榮路一段 115 號
(06)237-7115

永豐
702 台南市南區賢南街 51 號
(06)291-1031

銘泉
704 台南市北區和緯路二段 223 號
(06)251-8007

上輝行
702 台南市南區興隆路 162 號
(06)296-1228

佶祥
710 台南市永康區永安路 197 號
(06)253-5223

高雄

玉記（高雄）
800 高雄市六合一路 147 號
(07)236-0333

正大行（高雄）
800 高雄市新興區五福二路 156 號
(07)261-9852

新鈺成
806 高雄市前鎮區千富街 241 巷 7 號
(07)811-4029

旺來昌
806 高雄市前鎮區公正路 181 號
(07)713-5345-9

德興（德興烘焙原料專賣場）
807 高雄市三民區十全二路 101 號
(07)311-4311

十代
807 高雄市三民區懷安街 30 號
(07)381-3275

德麥（高雄）
807 高雄市三民區銀杉街 55 號
(07)397-0415

旺來興（明誠店）
804 高雄市鼓山區明誠三路 461 號
(07)550-5991

旺來興（總店）
833 高雄市鳥松區本館路 151 號
(07)370-2223

茂盛
820 高雄市岡山區前峰路 29-2 號
(07)625-9679

鑫隴
830 高雄市鳳山區中山路 237 號
(07)746-2908

屏東

啓順
900 屏東市民和路 73 號
(08)723-7896

裕軒（屏東店）
900 屏東市廣東路 398 號
(08)737-4759

裕軒（總店）
920 屏東縣潮州鎮太平路 473 號
(08)788-7835

四海（屏東店）
900 屏東市民生路 180-2 號
(08)733-5595

四海（潮州店）
920 屏東縣潮州鎮延平路 31 號
(08)789-2759

四海（恆春店）
945 屏東縣恆春鎮恆南路 17-3 號
(08)888-2852

台東

玉記（台東）
950 台東市漢陽北路 30 號
(089)326-505

花蓮

大麥
973 花蓮縣吉安鄉建國路一段 58 號
(03)846-1762

萬客來
970 花蓮市和平路 440 號
(03)836-2628

國家圖書館出版品預行編目資料

孟老師的甜點杯／孟兆慶著.--初版.--
新北市：葉子，2012.04
面；　公分.--（銀杏）

ISBN 978-986-6156-07-6（平裝附數
位影音光碟）

1.點心食譜

427.16　　　　　　　　　101004146

孟老師的甜點杯

作　　　者／孟兆慶
出　　　版／葉子出版股份有限公司
發 行 人／葉忠賢
總 編 輯／閻富萍
美 術 設 計／張明娟
封 面 攝 影／林明進
攝　　　影／孟兆慶
DVD 製作／余俊興、簡坤宗
印　　　務／許鈞棋

地　　　址／新北市深坑區北深路三段 260 號 8 樓
電　　　話／886-2-8662-6826
傳　　　真／886-2-2664-7633
服 務 信 箱／service@ycrc.com.tw
網　　　址／www.ycrc.com.tw

印　　　刷／柯樂印刷事業股份有限公司
ISBN／978-986-6156-07-6
初版六刷／2018 年 6 月
新 台 幣／450 元

總 經 銷／揚智文化事業股份有限公司
地　　　址／新北市深坑區北深路三段 260 號 8 樓
電　　　話／886-2-8662-6826
傳　　　真／886-2-2664-7633

廣 告 回 信
台 北 郵 局 登 記 證
台北廣字第03827號

222-04
新北市深坑區北深路三段260號8樓

揚智文化事業股份有限公司　　收

□□□-□□
地址：　　　市縣　　鄉鎮市區　　路街　段　巷　弄　號　樓
姓名：

Leaves
Publishing

書號 L5116　　　書名 孟老師的甜點杯

葉子出版股份有限公司

讀・者・回・函

感謝您購買本公司出版的書籍。

為了更接近讀者的想法，出版您想閱讀的書籍，在此需要勞駕您詳細為我們填寫回函，您的一份心力，將使我們更加努力！！

1.姓名：＿＿＿＿＿＿＿＿

2.性別：□男　□女

3.生日／年齡：西元＿＿＿年＿＿＿月＿＿＿日＿＿＿歲

4.教育程度：□高中職以下□專科及大學□碩士□博士以上

5.職業別：□學生□服務業□軍警□公教□資訊□傳播□金融□貿易
　　　　　□製造生產□家管□其他＿＿＿＿

6.購書方式／地點名稱：□書店＿＿＿＿□量販店＿＿＿＿□網路＿＿＿＿□郵購＿＿＿＿
　　　　　　　　　　　□書展＿＿＿＿□其他＿＿＿＿

7.如何得知此出版訊息：□媒體＿＿＿＿□書訊＿＿＿＿□書店＿＿＿＿□其他＿＿＿＿

8.購買原因：□喜歡作者□對書籍內容感興趣□生活或工作需要□其他

9.書籍編排：□專業水準□賞心悅目□設計普通□有待加強

10.書籍封面：□非常出色□平凡普通□毫不起眼

11.E-mail：＿＿＿＿＿＿＿＿＿＿＿＿＿＿＿＿＿＿＿＿＿＿

12.喜歡哪一類型的書籍：＿＿＿＿＿＿＿＿＿＿＿＿＿＿＿＿＿＿

13.月收入：□兩萬到三萬□三到四萬□四到五萬□五到十萬以上□十萬以上

14.您認為本書定價：□過高□適當□便宜

15.希望本公司出版哪方面的書籍：＿＿＿＿＿＿＿＿＿＿＿＿＿＿

16.本公司企劃的書籍分類裡，有哪些書系是您感到興趣的？

　　□忘憂草（身心靈）□愛麗絲（流行時尚）□紫薇（愛情）□三色堇（財經）

　　□銀杏（健康）□風信子（旅遊文學）□向日葵（青少年）

17.您的寶貴意見：

＿＿＿＿＿＿＿＿＿＿＿＿＿＿＿＿＿＿＿＿＿＿＿＿＿＿＿＿＿＿

☆填寫完畢後，可直接寄回（免貼郵票）。

　我們將不定期寄發新書資訊，並優先通知您

　其他優惠活動，再次感謝您！！

葉子出版股份有限公司

《孟老師的甜點杯》抽獎回函卡

活動時間
即日起至2012年8月31日止（以郵戳為憑）

活動辦法
凡購買《孟老師的甜點杯》之消費者（限台、澎、金、馬地區），將抽獎回函卡填妥資料並寄回本公司，即可參加抽獎活動。

獎品內容
市值3200元的均質機一台，共計抽出15台。

抽獎日期
2012年9月10日在律師見證下舉行抽獎活動，並於隔天公布在活動網站（http://www.ycrc.com.tw）上。獎品將於中獎名單公布後15天內寄出。

注意事項
1. 抽獎活動所有相關訊息將於活動網站公布。
2. 兌獎辦法：主辦單位將會以電話、E-mail方式通知中獎者，並確認對獎人資料無誤後，以郵寄方式將贈品寄出，故請參加抽獎者務必填寫收件人姓名、地址及電話等資料。
3. 依相關稅法之規定，中獎者須於隔年度申報所得收入（請中獎者提供報稅使用之身分證字號、戶籍地址資料），主辦單位將於2013年2月底前寄發扣繳憑單。

✂

KitchenAid®
HAND BLENDER
KitchenAid 2-Speed Hand Blender with 3-Cup BPA Free Jar and Lid has a DC Motor that blends, purees and crushes quietly and powerfully.

手持式均質機
商品折價券 NT300

兌換期間101/06/01-101/9/30
本折價券僅可使用於KitchenAid手持式均質機KHB1231
每張折價券僅限用一次 不可合併使用
本活動為台灣授權經銷商獨享活動,其他店家恕不適用
查詢台灣授權經銷商 請上台灣KitchenAid官方粉絲專頁
http://www.facebook.com/carbingkitchenaid

廣 告 回 信
台 北 郵 局 登 記 證
台北廣字第03827號

2 2 2 - 0 4
新北市深坑區北深路三段260號8樓

揚智文化事業股份有限公司　　收

□□□-□□
地址：　　　市縣　　鄉鎮市區　　路街　段　巷　弄　號　樓
姓名：
電話：
手機：
E-mail：